超想學會的手工皂

40款生活食材＋香草應用＋配方變化，
全家人都適用的暖感手工皂！

The Handmade Soap

推薦序 。

這是一本充滿「香氣」的書

各位讀者，你們好啊，我是彭佳慧！

會認識佳孟是因為我的妹妹，因為她說佳孟是她在屏東「難能可貴」的好朋友！！哈哈！話說佳孟拯救了我的「母奶」。我記得我在生雙胞胎之後，努力的餵了他們四個多月的母奶，在這期間由於喉嚨出了點問題，醫生開的藥當中，包含了一些類固醇，但當媽的我也不願因此停餵母乳，所以，當下立刻想到佳孟。哈哈！我可是把母乳擠出來寄回屏東，讓她把我的「愛」，加上她的巧手，幻化成「母乳皂」，這樣等到停藥之後，不但可以繼續哺乳，而且還可以把母乳皂分送給親朋好友，您說，是不是一舉多得啊！

就這樣，在那時候密切的接觸了佳孟。我看到的她，是個好太太（因為她總是以夫為貴），是個好媽媽（因為她總是給孩子無限的空間發揮所長）；是個好教練（因為除了身材好，在水裡像美人魚之外，她在教學時毫不含糊一個小時，游到腳快抽筋了吧）。最重要的是，她更是好朋友（把朋友的事，當成自己的事看待，義氣的不得了！！)您說這樣相夫教子、秀慧外中、才貌雙全的女子，又會寫書做手工皂，我的媽呀！太優秀了啦！而且說真的，以上都是肺腑之言，我真的好喜歡佳孟。

她的創作，一如她的生活般簡單，但又令人感動，希望你我身邊都存在著這樣令人著迷和讓人充滿幸福感的好朋友！

這本有「香氣」的書，真心的與您分享！！

鐵肺歌后　彭佳慧

The Handmade Soap

就是愛分享

自從接觸手工皂製作後，我深深發現，手工皂是一種生活的創作與藝術，不僅能讓生活變得更有趣，自己也變得更有創意。每每製作出成功的手工皂時，我總是迫不及待地與家人、朋友分享，分享的同時，也不忘推廣愛地球的理念，以及遠離化學藥劑的重要性。原來，從自己手上生出來的皂寶寶是這麼可愛又可貴。

謝謝周嘉蘋老師讓孟孟有幸踏入手工皂教學領域。進入皂圈之前，第一次看到的手工皂是母親多年前在社區學習的回鍋油家事皂。只是塊單色樸實的家事皂，竟讓我這喜愛手作的人看得如此沉醉。

對！手工皂如此迷人，就是因為它的純樸。謝謝我最愛的母親，帶領我進入皂圈，為了讓我探討配方、活用添加物，又開拓了一小塊開心農場，種植各種香草植物與蔬果，不但能提供日常餐食，也能應用在手工皂中，進而拓展不同的配方與技法。在孟孟繁忙的教學課程中，同時也要感謝先生的陪伴與協助，讓一個家庭主婦一步一步地，如同手工皂般，逐漸擁有豐富的生活，如同渲染皂般畫出迷人的色彩。

以快樂分享為初衷，在課堂上與學員們互動的過程中，我發現手工皂的另一面代表著自由、創作與感動。每一塊皂都代表著每位製皂者對於愛的表態，在每一堂課瞬間得到自由的呼吸幸福。

本書記錄了孟孟教學的課程與經驗分享，提供許多配方的選擇，讓初學者可以輕鬆製作，學習後更能自由發揮、應用，打造屬於自己的幸福手工皂。

本書作者 孟孟

Contents

1
Part

認識手工皂

幸福，從這裡開始。
瞭解手工皂的優點，享受製作手工皂的過程。

{ 有愛的皂 }

學習，是快樂的。當有愛的作品出現了，我們樂於分享。

在教學的過程中，我常常詢問課堂上的學員們：為什麼來學習手工皂？

大多數學員對於學習的理由，幾乎都是因為家人肌膚的問題無法獲得改善，想藉由手工皂傳統製作的天然方式，減少化學藥劑在肌膚上的殘留與負擔。除此之外，他們也想把天然健康無負擔的清潔用品帶入家庭中，並進一步學習。所以，我常常說：手工皂，是個有愛的作品。

手工皂裡面，不只包含我們細心秤量、精心搭配的材料，我們還帶著愉快的心情攪拌，抱著期待的心情入模，細細呵護皂寶寶熟成。用最幸福的心情包裝它們，再用充滿愛意的心情遞到自己愛的人手上，告訴對方：這是我自己做的手工皂。在這十個字裡面，包含了太多太多的愛與呵護。當然，裡頭更蘊藏著我們這群製皂者快樂學習的喇皂過程。

{ 手工皂優於市售皂的理由 }

當一塊從自己手上變化出來的手工皂，開始讓肌膚可以健康地呼吸，我們不禁開始思考，究竟手工皂與市售便宜的香皂哪裡不同？

手工皂形成的原理：油+鹼=皂+甘油

當我們開始選擇自己做貼身手工皂時，會先從最基本的油脂開始了解。我們大部分使用的油品是天然的植物性油脂，例如常使用的椰子油、橄欖油、葡萄籽油、甜杏仁油、芥花油等等，都是植物性油脂。植物性油脂對肌膚的重要好處是：容易被人體肌膚吸收，達到保濕與修護的效果。

　　市售肥皂除了使用便宜的植物油之外，絕大部分只有清潔效果，加上又香又濃的香精，製作過程以熱製為主，利用鹽析法將珍貴的甘油取出，另外用來製作美容保養品。往往我們會被市售肥皂漂亮的外觀和濃郁芬香的氣味吸引，逐漸淡忘傳統低溫製作的天然手工皂了。

　　傳統的冷製皂做法中，油與鹼水充分混合後，會產生皂與甘油。因為是自行手工製作，油脂中珍貴的甘油與油脂的功效都保留在皂中，還能根據油脂特性，變化出各種肌膚適合的配方與各種清潔用途，享受變化的樂趣，這些都是購買市售肥皂無法達成的。

　　手工皂具有清潔功能，卻不含市售清潔商品的人工化學藥劑。這些相關化學藥劑因科技進步與生活便利所需而日趨發達，卻造成自然環境的衝擊。例如讓商品看起來美觀的螢光劑、洗起來泡沫很多的發泡劑等等，這些人工化學藥劑經由廢水排放，流入河川中，無法完全被自然細菌分解，殘留的化學藥劑停留在肌膚上，可能造成皮膚病變，殘留在自然環境中，會破壞地球生態環境。

　　那麼，我們自己製作的手工皂呢？

　　皂寶寶含有豐富的甘油，我們用手工皂清潔肌膚時，不僅得到甘油的滋潤，同時可以讓肌膚恢復健康，保有修護機能。許多有皮膚相關病症的患者，因改用手工皂清潔身體肌膚而改善患處，並不是因為手工皂具有療效，而是肌膚沒有與化學藥劑接觸，減少負擔而改善。

　　手工皂製作過程中，從秤量材料→攪拌→添加→入模，挑選的材料、精油與粉類有無添加化學藥劑，製皂者一清二楚，完全毋須擔心化學藥劑的殘留。從洗臉、洗髮、沐浴，到清洗鍋碗瓢盆，都能藉由手中的油脂，改變配方製作出來，不但安心，更能為地球環保盡一分心力。

{ 配方應用的概念與計算教學 }

配方應用概念

以製作艾草平安皂為例，調配配方比例前，須先了解基礎用油、添加用油、使用者年紀、使用季節、氣候等因子。

基礎用油含三種油脂：椰子油、棕櫚油、橄欖油。

添加用油挑選二至三種油脂：可可脂、榛果油、蓖麻油。

用艾草入皂多半是想要取艾草避邪、避蚊的功效，這款皂熟成後使用的季節是夏天，想要給三個人使用，分別是：外出工作流汗的先生，偏油性肌膚的太太，以及很愛運動的十五歲兒子。

在這些大方向出來後，先思考椰子油與棕櫚油的比例，總共約35%，這樣的硬度稍微不夠，所以從可可脂補強，加上使用者有女性與小孩，再多些滋潤度是好的。

計算教學

要計算配方總需油量、氫氧化鈉與水量，只需要簡單的計算公式即可算出。

準備工具如下：計算機、紙筆、油脂皂化價表格。

step 1　算出每項油脂所需g數

66 公式 = 總油量×油品% 99

調配好油脂配方百分比後，先開始秤量油脂。以艾草平安皂500公克的配方為例：

		油量(g)	百分比(%)	NaOH皂化價	該油脂使用鹼量(克)
使用油脂	椰子油	100	20	0.19	19
	棕櫚油	75	15	0.141	10.575
	橄欖油	165	33	0.134	22.11
	可可脂	75	15	0.137	10.275
	榛果油	50	10	0.1356	6.78
	蓖麻油	35	7	0.1286	4.501
	合計	500	100		
鹼水	氫氧化鈉				
	水量				

例如：椰子油總油量500g*椰子油20%＝500*20%＝100g

此為本配方椰子油所需的g數，依此類推，計算其他油脂所需g數：

- 棕櫚油所需的g數＝500*15%＝75g
- 橄欖油所需的g數＝500*33%＝165g
- 可可脂所需的g數＝500*15%＝75g
- 榛果油所需的g數＝500*10%＝50g
- 蓖麻油所需的g數＝500*7%＝35g

將以上油脂正確秤量後，倒入不鏽鋼鍋中，用不鏽鋼攪拌棒稍微攪拌，讓所有油脂充分混合均勻。

step 2 　算出配方中氫氧化鈉所需g數

66 公式 = 各項油品g數×該項油品的皂化價 99

皂化價是用來推算將一公克油脂完全皂化所需要的氫氧化鈉重量，每項油脂的皂化價皆不相同。查詢表格得知，配方中椰子油的皂化價是0.19，因此使用100g的椰子油所需的氫氧化鈉重量是100g*0.19＝19g。

依此類推，計算其他油脂所需氫氧化鈉g數：

- 棕櫚油75g，皂化價0.141＝75g*0.141＝10.575g
- 橄欖油165g，皂化價0.134＝165*0.134＝22.11g
- 可可脂75g，皂化價0.137＝75*0.137＝10.275g
- 榛果油50g，皂化價0.1356＝50*0.1356＝6.78g
- 蓖麻油35g，皂化價0.1286＝35*0.1286＝4.501g

分別算出各項油脂所需的氫氧化鈉g數後加總，即為總油量500g的配方所需的氫氧化鈉重量：19g＋10.575g＋22.11g＋10.275g＋6.78＋4.501g＝73.241g

計算出氫氧化鈉的總數後，四捨五入取73g，該數值即為這次配方中500g油重所需的氫氧化鈉g數。

step 3   計算水量

" 公式 ＝ 氫氧化鈉×2.4 "

製作冷製固體皂所需要的水，基本上以「純水」、「RO逆滲透水」為主，這些水中無礦物質，不會干擾皂化過程。通常若使用香草汁或蔬果汁，也是以純水做為基底，打成泥狀或製成汁代替水量。

水量的計算方式有許多方法，目前較通用的是：鹼的2.2倍到2.6倍，成熟期間需要經過風乾的過程，讓水分「蒸發」，本書水量的計算以氫氧化鈉的2.2～2.6倍取中間值2.4倍為計算方式。本配方的水量計算為：73g*2.4倍＝175.2g，計算出175.2g，再四捨五入得到175g。

{ 手工皂的五力檢視 }

　　每次寫出一個配方後，我會檢視配方中的五力（硬度、清潔力、保濕力、起泡度、穩定度）是否在合理標準範圍內？油脂的選擇是否正確？比例是否無誤？飽和脂肪酸和不飽和脂肪酸的比例是否落於安全範圍？

　　我喜歡明確又快速地計算配方的性質，另外也有中文網站提供配方的性質審視。

英文參考網址：http://www.soapcalc.net/calc/soapcalcWP.asp
中文參考網址：http://www.soap-diy.com/Soap_Calculators.php

　　本書主要討論五力性質，上述步驟確定完畢後，進入網站會先看到上方包含使用鹼類、油重、水量、超脂與香味的4個英文選項，這部分暫時先省略吧！

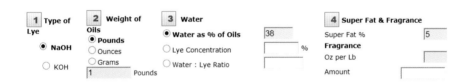

　　以下我們先學習如何使用該網頁來檢視配方性質的五力，以配方「艾草平安皂」500公克的配方為例：

填寫步驟教學

step 1　逐一點選各項油品，並按下Add，油品即會被選取。每項油品的英文名稱可以在本書的「認識天然油脂」表格中（P.26～P.35）查詢得知。

step 2　仔細填寫每項油品的百分比比例，總合（Totals）須確實為100%。

step 3　按下Calculate Recipes（計算配方）。

step 4 在百分比的表格旁，會顯示總油量500g中各項油品所需的公克數。

step 5 按下Calculate Recipes按鍵後，左欄的肥皂性質與脂肪酸表會同時顯示出該手工皂配方的各項指數。

step 6 讓我們來檢視該配方做出來的手工皂，是不是一塊五力兼顧的肥皂吧！

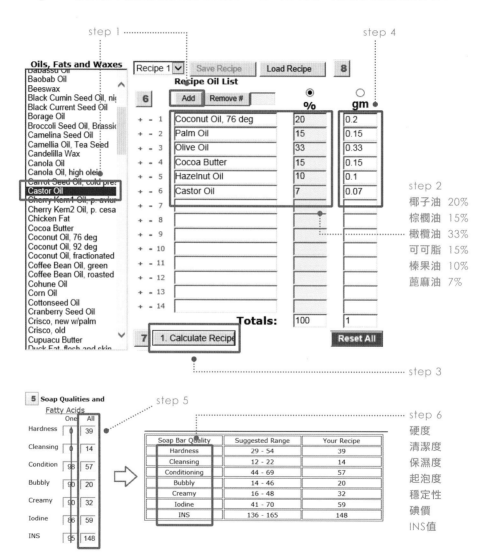

步驟6表格中會出現七個單項性質，指的五力性質就是硬度、清潔度、保濕度、起泡度和穩定性。

step 7　從哪裡可以看到「建議範圍參考值」呢？

在第七項下面第二小選項是View or Print Recipe，點進去可以看到Suggested Range列表，列出各項性值的建議範圍參考值，由表格中確實得知這塊手工皂的五力性質都在合理的範圍內。

step 7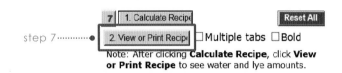

檢查配方的適合性

我會建議先設計手工皂搭配配方後，再檢視與確認配方的性質，原因在於性質表會告訴製皂者，這個配方製作出來的手工皂性質如何。保濕度好不好？清潔度夠不夠？塊狀肥皂的硬度會不會太軟？這些大方向問題都可以由性質表中明確得知。若其中保濕度是40，並不代表這塊肥皂不好，只是表示保濕度不高，不適合需要高保濕度的人使用。

手工冷製皂的基礎是來自於油脂的配方，搭配得宜，兼顧五力性質，會讓大眾對手工冷製皂的接受度更高，降低手工皂某性質不佳所產生的窘境。只要了解油脂特性，減少化學藥劑的接觸，手工皂確實可以有效改善肌膚，讓肌膚恢復健康機能。

一塊皂好不好，除了油脂的搭配之外，也要觀察是否合適個人，這跟使用者的膚質、季節與居住環境等因素都有關。同樣一塊皂給膚質不同的人使用，往往會有不同的結果，例如：清潔力22，保濕度48，簡單解釋這塊皂適合油性肌膚、男性、夏天使用。用得到的數值對照性質建議範圍，可知這塊皂的清潔力已經達最上限，表示清潔力偏高，若皮膚敏感的人使用，就會造成清潔度過高而產

生不適，但使用者若是油性肌膚，或是夏天瘋狂流汗的工作者，他們正需要高清潔度的皂款，就會覺得洗感舒適，且能明顯感受到清潔力。

最主要的油脂搭配學會了，使用的添加物適合什麼樣的膚質，也是必要考量之一。舉例來說：高保濕度的配方裡面，如果加了備長炭粉做分層或渲染，這塊皂直接歸類於油性肌膚適用。因為備長炭是強力去除油脂的添加物，即使原配方有再高的保濕力，也無法改變備長炭皂超強的去油力，因此使用這款備長炭手工皂獲得的保濕力，只有植物性油脂本身產生的豐富甘油。當讀者製作本書配方時，如果自行搭配不同的粉類或添加物，該配方適合的膚質可能因改變了添加物而改變喔！

我常常在課堂上給予觀念：任何一件事都是一體兩面，沒有絕對的對與錯，手工皂性質是大方向的參考，沒有絕對的使用答案。

參考資料：http://www.soapcalc.net/calc/soapcalcWP.asp

{　手 工 皂 的 種 類 及 型 態　}

用不同的方式、不同的鹼類，可以做出豐富的手工皂喔！
目前皂圈常見的手工皂種類有：

低溫冷製皂（CP皂）

顧名思義，低溫冷製皂是在低溫的狀況下製作，呈現出固體狀，是皂圈中目前最普遍、技法最豐富的製作方式。本書若沒有特別說明，使用的鹼類為氫氧化鈉，為冷製皂做法。脫模、切皂完成後，需要再等待四週熟成、退鹼，才能安全使用。雖然比較耗時，但冷製法手工皂保留的甘油與油脂養分是最豐富的。

皂基皂（MP皂）

市面上以透明皂基、白色皂基居多，屬於半成品的皂。製作時只需要簡單的微波加熱或隔水加熱，添加顏色與精油，倒入模型中等待冷卻凝固，即可使用。是許多親子互動與兒童學習的熱門項目。

再製皂

剩餘的皂邊與皂液，或是保溫過程失敗而鬆糕的冷製皂，這些東西丟掉可惜，因此我們會蒐集起來，重新製作不同風貌的皂款，因此再製皂也能呈現不同的個人風格。

先將皂刨絲或是切小丁，利用燉鍋或電鍋將皂加熱軟化融解，再擠壓塑型。再製過程中，油脂受到高溫蒸煮而流失養分，所以我建議入模前超脂，以增加再製皂的滋潤度，超脂的比例為總量*2%。

液體皂

呈現型態為接近水狀的液體，因此叫作液體皂，使用的鹼類為氫氧化鉀。油鹼混合溫度偏高，同樣具有植物油保濕溫和、富含甘油的特性，但不同於沐浴乳與洗髮精的黏稠狀，所以許多人會因為黏稠感不夠而覺得濃度不夠，建議多使用幾次，讓身體觸感習慣天然的液皂，比添加化學的增稠劑更為重要喔！

熱製皂（HP皂）

以冷製皂流程製作，攪拌至trace後，直接使用燉鍋或電鍋加熱，過程中不時攪拌，讓皂液快速皂化，皂液呈現泥狀後直接入模，等待約六小時後，皂體冷卻即可脫模使用。呈現型態為固體狀。

此法大部分用於工廠製作市售肥皂，優點是快速皂化，能馬上使用，缺點是加熱過程的高溫會造成油脂養分流失與消耗，無法保存優良的養分。目前皂圈不乏此法的熱愛者。

{ 專有名詞解釋 }

皂化價 ❯ 將一公克油脂完全皂化所需要的氫氧化鈉公克數。例如：一公克的椰子油需要0.19克的氫氧化鈉皂化。

鹼水 ❯ 氫氧化鈉或氫氧化鉀融於純水後的溶液。

皂化 ❯ 油脂中的脂肪酸與鹼結合，所發生的化學變化，此階段稱為皂化。

減鹼 ❯ 將實際計算出來的氫氧化鈉量稍微減少。

超脂 ❯ 油鹼充分混合後，額外添加少量滋潤性佳的油脂，這些後加的油脂已經沒有多餘的氫氧化鈉來皂化它們，因此利用後加油脂可以保留更多的滋潤養分。

皂化物 ❯ 即為油脂可以被氫氧化鈉所皂化而反應的物質，統稱為肥皂。

不皂化物 ❯ 添加物，例如：咖啡渣、礦泥粉、蜂蜜等等。

假皂化 ❯ 攪拌中看似已經皂化成trace狀，以為可以入模保溫，但持續攪拌後又恢復light trace狀，需要再繼續攪拌。

甘油 ❯ 手工皂附屬的高級保濕成分。

皂液 ❯ 油鹼混合攪拌時所形成的液體狀。

認
識
手
工
皂

果凍期	◉	並不是每條皂都會有此狀況，此現象多出現在入模開始保溫的48小時之內。
皂粉	◉	皂液入模保溫的溫度與皂體溫度有溫差，故成形後皂表面出現白色粉狀。
鬆糕	◉	皂液入模時濃稠度不夠之外，保溫箱的溫度也不夠，皂體呈現鬆散結構，顏色呈現白色居多，切皂時皂體呈現粉狀龜裂。
熟成期	◉	皂條脫模後不能馬上使用，需將做好的手工皂切皂，放置陰涼處「風乾」，讓皂體中的氫氧化鈉與水分充分「蒸發」，等待一個月的自然皂化過程。
皂粉	◉	皂條的表面呈現白色粉末狀，但不影響品質與使用狀況。
INS粉	◉	是另一種硬度的參考值，每種油脂都有其多寡的INS值。INS值愈高，皂的硬度就愈高。性質表中有硬度的性質，觀察該硬度的性質是否在範圍內，INS值可做為參考，只要範圍在120～170內都能接受。

　　油與鹼水混合後，兩者在攪拌碰撞的過程中，皂液的濃度會越來越濃稠，每個濃稠度都有它的階段名稱，以下大略分為三種階段說明。整個做皂過程中會有三種濃度出現。

- **Light trace** 輕微濃稠狀。
- **Trace** 美乃滋濃稠狀。攪拌到此階段入模保溫，大大提升成功率。
- **Over trace** 過分濃稠狀。此時入模容易有氣泡在皂液中，切皂後會有空洞。

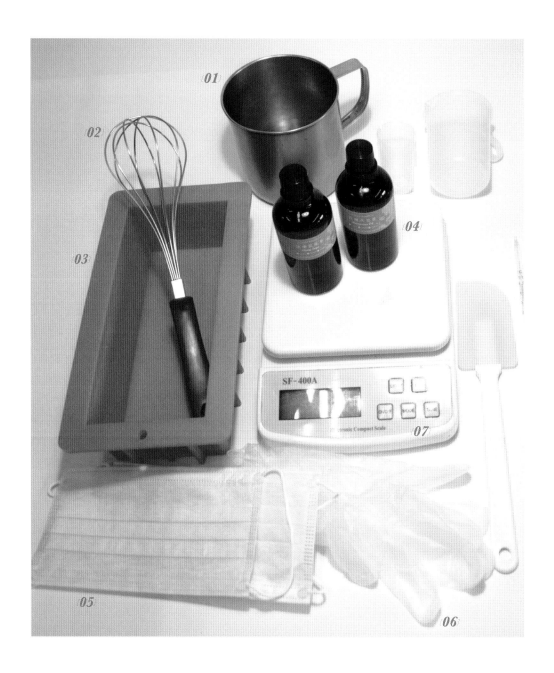

{ 工具介紹 }

01 不鏽鋼鋼杯、碗

秤量水量與氫氧化鈉。氫氧化鈉具有腐蝕性，使用不鏽鋼杯才能確保安全。

02 攪拌棒（或稱打蛋器）

基本的工具，能攪拌均勻皂液。

03 皂用模

市面上可以入模使用的工具非常多，常用的模型有矽膠模、經濟型吐司硬模、造型矽膠模等等。近期常用的是經濟型吐司硬模，價格便宜，脫模容易，很受學員們喜愛。

04 精油

建議購買皂用的純精油。添加精油在手工皂裡面，主要是得到精油的香味與芳療效果，但手工皂最主要還是以清潔沐浴為主，添加太昂貴的薰香用精油不免傷本，購買時留意挑選皂用純精油，即可享受沐浴時的舒服薰香芳療效果。

05 口罩

氫氧化鈉與純水混合所產生的蒸氣，也具有腐蝕性，除了在通風處融鹼之外，口罩也是必要的保護工具。

06 手套

油鹼混合後，攪拌皂液時多少都會碰觸到還具有強鹼的皂液，為了避免雙手接觸皂液，建議攪拌全程都要戴上手套。

07 簡易電子秤

可以在皂用材料店或烘焙店購買的簡易電子秤，最小單位是1g，最大承重到5公斤。

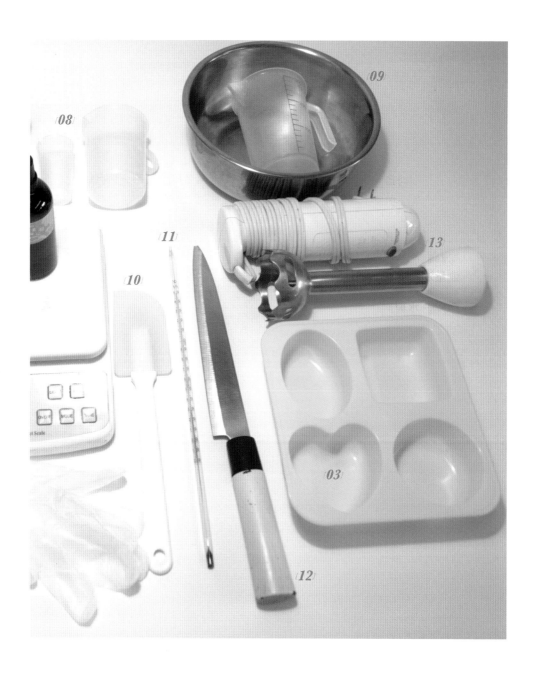

認
識
手
工
皂

08 大小量杯

主要是用於秤量精油容量或添加物。

09 不鏽鋼鍋

攪拌油脂使用,至少可以秤量總重1500g油脂的容量。

10 刮刀

攪拌皂液時搭配使用的工具。打皂時容易將外部的空氣打進去,且鍋身邊緣有附著皂液,此時使用刮刀將皂液中的空氣刮上來,也能將周邊附著的皂液刮入鍋中充分混合。入模後也能將鍋子中殘留皂液刮乾淨入模。

11 溫度計

測量油脂與鹼水溫度使用。

12 水果刀

為切皂時使用居多,建議挑選長度較長的刀子,掌握力道順手好切、不會歪斜。另外也可使用線刀或是波浪刀取代水果刀切皂。

13 電動攪拌棒

電動攪拌棒可縮短打皂時間,加速trace速度。但還是建議以攪拌棒攪拌皂液為主,不建議單獨或長時間攪拌使用。

另外還可以準備:

。。長柄不鏽鋼湯匙 溶解氫氧化鈉時使用。長度大約二十公分以上,避免碰觸到溫度上升的鹼水。

。。保麗龍箱(盒) 依照皂模的大小選擇適當的保麗龍箱(盒)。皂液確定trace後入模,接著就要進保溫箱保溫48小時。

。。報紙數張 鋪在工作桌上,避免鹼水或是油脂噴濺而傷到桌子。

。。圍裙 避免皂液噴濺到身上。鹼水是強鹼,製作過程中還是要避免皂液接觸到皮膚與身上的衣物。

{ 油脂與添加物介紹 }

認識天然油脂

　　放眼望去，各種油脂不都大同小異？聞起來有油脂味、看起來黃澄澄。只要詳細了解，讀者們就會知道，萃取油液的果實中富含的大地能量與天然養分，是何足珍貴啊！

　　我本身比較要求製作手工皂的油品，只使用天然植物油脂或是動物油脂，不使用礦物油，其中又以天然植物油為大宗，強烈要求這點的原因在於：植物性的油脂和脂肪可以輕易被人體吸收，有助於皮膚的修護與活化滋潤作用。礦物油是石油提煉後的產物，雖然是油，人體卻難以代謝。

　　大部分做皂的天然植物油品可以在超市與皂用材料店購得，只要配方搭配得宜，不需要用昂貴的油品，也能做出美麗、有氣質、滋潤度高、泡沫綿密的天然手工皂喔！

　　以下是常用油脂特性與氫氧化鈉皂化價索引表。

蜜蠟
Beeswax

氫氧化鈉NAOH皂化價 0.069

一般入皂 2%～7%

- 室溫呈現為固體狀
- 抗菌、殺菌、防霉、抗氧化
- 對於皂體無硬度貢獻，但會讓皂體感覺有Q度
- 護唇膏、自製膏品必備材料之一

性質	硬度	清潔力	保濕度	起泡度	穩定度	碘價	INS值
	0	0	0	0	0	10	84

椰子油
Coconut Oil

氫氧化鈉NAOH皂化價 0.19

身體用　18%～30%
家事皂　70%～100%

- 基礎用油
- 起泡度高、清潔力高、硬度高
- 比例高則清潔力強，以不超過35%為主
- 溫度低的天氣呈現固體狀，需隔水加熱溶解後，再混合其他油脂

性質	硬度	清潔力	保濕度	起泡度	穩定度	碘價	INS值
	79	67	10	67	12	10	258

棕櫚核仁油
Palm Oil

氫氧化鈉NAOH皂化價 0.141

一般入皂　15%～30%

- 基礎用油　　　‧硬度高，起泡度低
- 常與椰子油搭配，讓皂感覺更堅硬紮實，比例過高會讓皂起泡度變差
- 溫度低的天氣呈現固體狀，需隔水加熱溶解後，再混合其他油脂

性質	硬度	清潔力	保濕度	起泡度	穩定度	碘價	INS值
	75	65	18	65	10	20	227

硬棕櫚油
Solid Palm Oil

氫氧化鈉NAOH皂化價 0.141

一般入皂　15%～30%

- 固體棕櫚油
- 硬度高
- 需隔水加熱溶解後，再混合其他液體油脂

性質	硬度	清潔力	保濕度	起泡度	穩定度	碘價	INS值
	67	2	33	2	65	48	151

棕櫚核仁油
Palm Kernel Oil

氫氧化鈉NAOH皂化價 0.156

一般入皂 18%～30%

- 可代替椰子油
- 起泡度高
- 比椰子油溫和
- 需隔水加熱溶解後，再混合其他液體油脂

性質	硬度	清潔力	保濕度	起泡度	穩定度	碘價	INS值
	70	61	18	61	9	20	183

紅棕櫚油
Red Palm Oil

氫氧化鈉NAOH皂化價 0.141

一般入皂 10%～30%

- 抗氧化、修復傷口
- 適用油性肌膚上的面皰
- 未精緻紅棕櫚油在溫度低的天氣呈現固體狀，需隔水加熱溶解後再混合其他油脂

性質	硬度	清潔力	保濕度	起泡度	穩定度	碘價	INS值
	50	1	49	1	49	53	145

橄欖油
Olive Oil

氫氧化鈉NAOH皂化價 0.134

一般入皂 10%～100%

新馬賽皂 60%　傳統馬賽皂 72%

- 基礎用油
- 保濕度高、穩定性好、滲透佳
- 適合各種膚質
- 舒緩疼痛、促進細胞再生

性質	硬度	清潔力	保濕度	起泡度	穩定度	碘價	INS值
	17	0	82	0	17	85	109

米糠油
Rice Bran Oil

氫氧化鈉NAOH皂化價 0.128

一般入皂 10%～30%

- 保濕度高、穩定度高
- 有美白、抗氧化功能
- 洗感清爽、舒適
- 適合乾燥肌膚
- 抑制肌膚老化、美白功效

性質	硬度	清潔力	保濕度	起泡度	穩定度	碘價	INS值
	26	1	69	1	25	110	70

甜杏仁油
Sweet Almond Oil

氫氧化鈉NAOH皂化價 0.136

一般入皂 5%～30%

- 亞洲地區重要用油
- 極佳護膚效果，保濕滋潤度優
- 高滲透性、親膚性，很快被肌膚吸收
- 清爽不油膩
- 適合嬰幼兒、年長、肌膚乾燥、脆弱、敏感型肌膚

性質	硬度	清潔力	保濕度	起泡度	穩定度	碘價	INS值
	7	0	89	0	7	99	97

芥花油
Canola Oil

氫氧化鈉NAOH皂化價 0.1324

一般入皂 10%～30%

- 具有極佳保濕滋潤度
- 泡沫多且穩定
- 成本低卻可以製作出保濕度高的成品
- 建議與其他硬油搭配

性質	硬度	清潔力	保濕度	起泡度	穩定度	碘價	INS值
	6	0	91	0	6	110	56

酪梨油
Avocado Oil

氫氧化鈉NAOH皂化價 0.133

一般入皂 10%～20%

- 分精製與未精製
- 溫和、營養成分高
- 軟化肌膚，深層清潔
- 適合嬰幼兒、年長、肌膚乾燥、敏感型肌膚

性質	硬度	清潔力	保濕度	起泡度	穩定度	碘價	INS值
	22	0	70	0	22	86	99

榛果油
Hazelnut Oil

氫氧化鈉NAOH皂化價 0.1356

一般入皂 5%～30%

- 高保濕度
- 可修復受傷肌膚
- 軟化肌膚，適合油性肌膚
- 礦物質含量多，可滲透皮膚底層
- 防止老化、清爽細緻
- 油品容易氧化，須小心保存

性質	硬度	清潔力	保濕度	起泡度	穩定度	碘價	INS值
	8	0	85	0	8	97	94

蓖麻油
Castor Oil

氫氧化鈉NAOH皂化價 0.1286

一般入皂 5%～8%
洗髮入皂 8%～10%

- 起泡度高、保濕度高
- 修護肌膚佳
- 比例不能太高，會讓皂體過軟
- 適當比例可讓皂體產生綿密的泡沫，洗感加分
- 含有獨特的蓖麻酸醇，對髮膚有柔軟及潤滑效果

性質	硬度	清潔力	保濕度	起泡度	穩定度	碘價	INS值
	0	0	98	90	90	86	95

葡萄籽油
Grape Seed Oil

氫氧化鈉NAOH皂化價 0.1265

一般入皂 10%～25%

- 含大量亞麻油酸與青花素是抗老化最佳油品
- 保濕度佳、清爽不油膩
- 抗氧化、吸收度優良
- INS值低建議與其他硬油搭配
- 適合所有膚質

性質	硬度	清潔力	保濕度	起泡度	穩定度	碘價	INS值
	12	0	88	0	12	131	66

芝麻油
Sesame Oil

氫氧化鈉NAOH皂化價 0.133

一般入皂 5%～15%

- 保濕度佳、穩定性高
- 緩和精神、滋補身體
- 使頭髮烏黑亮麗
- 適合夏天使用的配方
- 適合沐浴與洗髮配方

性質	硬度	清潔力	保濕度	起泡度	穩定度	碘價	INS值
	15	0	83	0	15	110	81

澳洲胡桃油
Macadamia Nut Oil

氫氧化鈉NAOH皂化價 0.139

一般入皂 5%～20%
適合超脂

- 抗老化、皮膚吸收速度快
- 油脂成分類似人類肌膚
- 保濕效果好，但無泡沫
- 可搭配蓖麻油增加起泡度
- 不建議高比例配方

性質	硬度	清潔力	保濕度	起泡度	穩定度	碘價	INS值
	14	0	61	0	14	76	119

玫瑰果油
Rosehip Oil

氫氧化鈉NAOH皂化價 0.1378

一般入皂 5%～10%
適合超脂

* 具柔軟肌膚、美白、修護、防皺效果
* 成本高,容易氧化
* 適合各種肌膚
* 添加比例不適合太多

性質	硬度	清潔力	保濕度	起泡度	穩定度	碘價	INS值
	6	0	89	0	6	188	10

開心果油
Pistachio Oil

氫氧化鈉NAOH皂化價 0.1328

一般入皂 5%～10%
適合超脂

* 豐富維生素 E
* 抗老化
* 修護肌膚效果佳
* 容易氧化,油品開封後須放入冰箱中冷藏保存

性質	硬度	清潔力	保濕度	起泡度	穩定度	碘價	INS值
	12	0	88	0	12	95	92

小麥胚芽油
Wheat Germ Oil

氫氧化鈉NAOH皂化價 0.131

一般入皂 5%～20%

* 天然抗氧化劑、安定劑
* 含有大量的卵磷脂
* 適合乾性、老化肌膚、問題肌膚
* 保濕度好,可修復、活絡肌膚
* 維持肌膚組織健康

性質	硬度	清潔力	保濕度	起泡度	穩定度	碘價	INS值
	19	0	75	0	19	128	58

荷荷芭油
Jojoba Oil

氫氧化鈉NAOH皂化價 0.069

一般入皂 5%～10%
適合超脂

- 液體植物蠟
- 含豐富維他命D和蛋白質，洗感清爽不油膩
- 抗氧化、抗紫外線
- 成分接近人類皮膚油脂
- 泡沫穩定，適合製作洗髮皂

性質	硬度	清潔力	保濕度	起泡度	穩定度	碘價	INS值
	0	0	12	0	0	83	11

苦楝油
Neem Oil

氫氧化鈉NAOH皂化價 0.1387

一般入皂 10%～30%

- 抗菌、消毒與抗炎效果
- 適合使用於皮膚問題的配方
- 止癢、舒緩皮膚產生的不適
- 若油脂有沉澱，使用前先加熱溶解為佳

性質	硬度	清潔力	保濕度	起泡度	穩定度	碘價	INS值
	33	0	63	0	33	89	124

芒果脂
Mango Seed Butter

氫氧化鈉NAOH皂化價 0.1371

一般入皂 5%～20%

- 抗滋潤保濕度佳
- 容易被肌膚吸收
- 可加強皂體硬度
- 有軟化、保濕肌膚功效
- 需隔水加熱溶解後，再混合其他液體油脂

性質	硬度	清潔力	保濕度	起泡度	穩定度	碘價	INS值
	49	0	48	0	49	45	146

可可脂
Cocoa Butter

氫氧化鈉NAOH皂化價　0.137

一般入皂　5%～15%

- 修護、抗炎
- 保濕度佳
- 可加強皂體硬度
- 適合乾性與敏感性肌膚
- 需隔水加熱溶解後，再混合其他液體油脂

性質	硬度	清潔力	保濕度	起泡度	穩定度	碘價	INS值
	61	0	38	0	61	37	157

乳油木果脂
Shea Butter

氫氧化鈉NAOH皂化價　0.128

一般入皂　5%～15%
適合超脂

- 保濕滋潤度優、軟化肌膚
- 適合中乾性、敏感性肌膚
- 有防曬效果、質感較硬
- 需隔水加熱溶解後，再混合其他液體油脂
- 適合嬰幼兒與年長者配方
- 油性肌膚添加以6%以內為佳
- 避免皮膚老化與皺紋

性質	硬度	清潔力	保濕度	起泡度	穩定度	碘價	INS值
	45	0	54	0	45	59	116

葵花油
Sunflower Oil

氫氧化鈉NAOH皂化價　0.134

一般入皂　5%～15%

- 含豐富維他命E
- 抗老化
- 保濕度優、細胞保護劑
- 適合乾性肌膚配方
- 建議搭配其他硬油為佳

性質	硬度	清潔力	保濕度	起泡度	穩定度	碘價	INS值
	11	0	87	0	11	131	63

認識手工皂

大豆油
Soybean Oil

氫氧化鈉NAOH皂化價 0.135

一般入皂　5%～15%

- 良好滋潤度
- 含豐富的卵磷脂、維生素E、維生素D
- 添加比例不宜過高，少量添加可以提高成皂的穩定性

性質	硬度	清潔力	保濕度	起泡度	穩定度	碘價	INS值
	16	0	82	0	26	131	61

山茶花油
Camellia Oil

氫氧化鈉NAOH皂化價 0.1362

一般入皂　3%～25%

- 滋潤保濕度好
- 可改善粗糙肌膚
- 含豐富葉綠素與茶多酚
- 對於頭髮有滋潤與修護效果
- 延緩皺紋形成和緊緻肌膚

性質	硬度	清潔力	保濕度	起泡度	穩定度	碘價	INS值
	8	0	88	0	8	144	44

鴕鳥油
Ostrich Oil

氫氧化鈉NAOH皂化價 0.139

一般入皂　5%～20%

- 滋潤保濕度佳　　　• 舒緩肌肉
- 修護肌膚、促進傷口癒合
- 滲透力強，可鎖住水分
- 消炎、抗菌、低過敏性
- 成品泡沫細緻、穩定性高

性質	硬度	清潔力	保濕度	起泡度	穩定度	碘價	INS值
	36	4	57	4	32	97	128

常用精油

　　很多人喜歡在手工皂裡添加精油，香氛的氣味與天然的素材搭配，把手工皂推向更健康環保的境界。

　　精油的添加是主觀的，我建議讀者挑選皂用精油添加，價格與濃度較高的精油則直接薰香，較不浪費。因為手工皂畢竟是清潔用為主，泡沫待在肌膚上的時間不長。不過，添加精油是手工皂迷人的重要環節，在沐浴時熱水的蒸氣帶領下，精油中的芳療效果就會隨著蒸氣貼身地散發在使用者周圍。

羅勒 *Basil*
抗菌、止痛、促進血液循環、改善注意力、增強記憶力

安息香 *Benzoin*
除臭、利尿、安定情緒、淨化心靈、改善乾燥肌膚、滋潤皮膚、修復創傷、疤痕、興奮、消毒殺菌

佛手柑 *Bergamot*
促進傷口癒合、抗菌、抗沮喪、鎮靜、舒緩、調理肌膚改善濕疹、減少粉刺、適合問題肌膚

檸檬 *Lemon*
改善過敏、消除氣味、舒緩情緒、收斂肌膚、消毒殺菌

檸檬香茅 *Lemongrass*
消除疲勞壓力、促進血液循環、減輕疼痛、殺菌、除蟲舒緩肌肉引起的發炎症狀

快樂鼠尾草 *Clary Sage*

放鬆、鎮定、提神、減輕發炎、穩定神經系統

天然定香劑，與真正鼠尾草是不同品種，成分亦不同

香茅 *Citronella*

抗菌、止癢、清潔、預防蚊蟲叮咬

雪松 *Cedarwood*

驅蟲、殺黴菌、消炎、鎮靜、改善呼吸道症狀、沉思冥想

溫和、改善油性肌膚的出油、面皰、粉刺等狀況

檸檬尤加利 *Eucalyptus Citriodora*

幫助呼吸順暢、鎮定神經、降血壓、抗發炎、促進肌膚修復

加強皮膚組織、改善小傷口、舒緩支氣管相關炎症

德國洋甘菊 *German Chamomile*

抗過敏、安撫神經、抗炎效果佳、促進傷口癒合

馬鬱蘭 *Marjoram*

幫助消化、安眠、鎮定、放鬆肌肉、促進血液循環

減輕緊張頭痛、舒緩咳嗽、消除肌肉僵硬、幫助呼吸順暢

山雞椒 *May Chang*

抗菌、消炎、除臭、消除精神緊張、幫助睡眠、溫和、紓壓
抗憂鬱

橙花 *Neroli*

抗憂鬱、紓壓、細胞再生、催情、幫助睡眠、放鬆

甜橙 *Orange Sweet*

紓壓、增強活力、消除疲勞、安眠、改善乾燥肌膚、皺紋
抗憂鬱、利尿、有光敏性

苦橙葉 *Orange Bitter*

刺激免疫系統、溫和活化肌膚、除臭、深層清潔頭皮
清除油性肌膚的粉刺與青春痘、護髮效果佳、幫助入睡

羅馬洋甘菊 *Roman Chamomile*

安定神經、幫助睡眠、溫和、止痛(肌肉、腸胃、頭部)
抗過敏、消毒殺菌

玫瑰天竺葵 *Rose Geranium*

抗發炎、止痛、放鬆、激勵內臟機能、安撫焦慮情緒
改善經前症候群、抗菌、抗憂鬱、提升人體細胞的防禦能力

花梨木 *Rosewood*

抗憂鬱、止痛、提振情緒、活化免疫系統、滋潤肌膚
降低肌膚發炎症狀

迷迭香 *Rosemary*

抗菌、利尿、增加血液循環、加強免疫力、止痛
促進毛髮生長、提振精神、清爽、改善頭皮屑

玫瑰 *Rose*

止痛、促進血液循環、幫助消化、活化肌膚細胞、減少皺紋
滋潤、保濕、緊實肌膚、降低煩躁情緒

薄荷 *Peppermint*

促進血液循環、改善頭痛、消毒殺菌、治療神經痛
消炎止痛、舒緩噁心症狀、涼爽、提神醒腦

廣藿香 *Patchouli*

修復傷口、疤痕、促進組織再生、抗菌、驅蟲、舒緩焦慮情緒
滋潤乾燥肌膚、改善憂鬱、呼吸感染、降低過敏症狀

 茶樹 *Ti-tree*

抗菌、抗病毒、抗真菌、改善膿胞、皮膚過敏、尿布疹
修復肌膚發炎、小傷口、提升免疫力、預防蚊蟲叮咬

真正薰衣草 *True Lavender*

止痛、鎮定、抗憂鬱、安定神經、幫助睡眠、治療燒燙傷
鎮定肌膚、預防蚊蟲叮咬

相關工具如何取得？

　　早期製作手工皂都以廚房相關工具為主，隨著手工皂逐漸大眾化，國內相關的皂用材料店也跟著蓬勃發展。許多更精緻的商品都可以在材料店挑選購得。若讀者初期不想花太多費用，本書介紹的工具中，大部分都可以在五金行、食品材料店裡購得喔！其中電動攪拌棒與精油還是往皂用材料店選購，較能挑選到比較適合與專業的工具。我建議做皂與食用的鍋具、工具、材料還是分開使用，以避免誤食。

　　該挑選哪家皂材店？讀者可以在網路搜尋「手工皂」，就會出現許多知名的皂材廠商，讀者可以自行挑選適合、喜歡的店家選購。

添加香草植物類介紹

　　本書介紹的香草類以家庭陽台方便種植為主，有些還是祖先流傳下來的民間藥草好物。添加方法有許多種：浸泡油、新鮮泥狀、煮汁過濾、乾燥磨粉等等，以下逐一說明各種方法。

方法 1 浸泡油

　　將乾燥花草浸泡在穩定性好的油品中，最常浸泡的花草是：迷迭香、薰衣草、金盞花、玫瑰等等，原則上只要使用乾燥的香草即可。浸泡用的油品可用甜杏仁油、芥花油、橄欖油，其中又以橄欖油居多，原因在於橄欖油穩定性好、價格不高，且容易購得，又適合各種肌膚。

　　浸泡油比例＝油：花草＝3：1。浸泡的簡易方法是取用透明玻璃寬口瓶，倒入6.5分滿欲浸泡的油脂，再將乾燥的花草放入玻璃瓶中將近9.5分滿，切記勿裝瓶到十分滿。

　　浸泡時間建議三個月為佳，浸泡後每隔數日搖晃瓶身，讓香草中的功效更能釋放到油脂中。

方法 2 新鮮泥狀

　　以葉片肥厚、軟、薄較佳，例如：肥厚的左手香，葉子軟的香蜂草、薄荷葉，這類植物的葉子可以加水，用電動攪拌棒或果汁機盡量打成泥狀。過濾後的汁液可以與純水混合添加一起融鹼，細小的泥狀或葉渣可以保留下來，在皂液入模前做添加物的動作。將新鮮的植物泥依照比例添加於皂液中，對製皂做法而言，不但是最直接方便的玩法，挑戰性也比較高。

方法 3 乾燥磨粉

將乾燥花草磨成細粉。本書介紹的相關粉類，可至皂用材料店或中藥行購得。

若家中有需要磨成細粉的乾燥香草，可以請熟識的中藥行幫忙磨細，或是使用家用調理機盡量打成粉類。粉類粗細自行選擇，但不建議太粗，以免造成肌膚不適。

方法 4 煮汁融鹼

新鮮香草植物如何入皂？我習慣先觀察葉子呈現的型態，若葉子屬堅硬不易成泥狀，可以水煮後，過濾莖葉，取其香草汁融鹼製皂。

例如檸檬香茅和肉桂葉，葉子硬，也沒有汁液，所以建議使用這類的花草時，就用水煮方式，製作出來的顏色偏深色。

● 孟孟老師小叮嚀

每種添加方式都有其樂趣所在，觀察花草的生長，細心地栽培香草，等待它們發芽長大，不管入皂或是創意烹調，從栽培種植到添加、食用，都是種植香草的成就感。香草和手工皂一樣，從攪拌皂液到脫模，從成熟到使用，都是我們一手細心照顧的小寶貝。

Part 2

全家人都適用的皂款

家庭中的成員不一，每個人的膚質也不太相同，
常常會因為季節氣候、生活環境、飲食、年紀等狀況不同，而有所差異。
本書配方以著重大方向適用性為主，只要對於油脂的特性多方了解，
讀者也能稍加應用、調整配方，為家人做出獨一無二的手工皂！

{ 簡單手工皂一學就上手 }

基本製皂流程教學

1
先將配方中的材料準備好。

2
逐一秤量各項油脂,若油脂中有固體油脂,可以先隔水加熱軟化油脂,等待降溫至35度C以下。

3
準備精油。

4

秤量純水冰塊與氫氧化鈉。

5

確實將氫氧化鈉溶於水中。

謹記步驟是：將危險的氫氧化鈉取少量放入安全的純水冰塊中。

6

確認鹼水溫度與油脂溫度是否都降低至35度以下。

7

兩者溫度控制在溫差5度內以後，小心地將
鹼水慢慢倒入油脂中。

8

使用攪拌棒確實攪拌皂液二十分鐘以上，
若二十分鐘後，皂液濃稠度還沒達到light
trace的程度，還是要繼續攪拌。攪拌時留
意鍋邊皂液也要刮到鍋中一起混合均勻，避
免鍋邊皂液沒有皂化完全，而影響成皂後的
品質。

9

繼續攪拌至皂液濃度接近trace時，再加入
精油。

10
持續攪拌達到trace程度，直到皂液表面可畫線條且不下沉。

11
入模。

12
入模完成後，放入保麗龍箱中保溫四十八小時。

脫模、切皂的時機

1

皂體保溫四十八個小時後，取出準備脫模。先將矽膠模邊邊撥開觀察，確認皂條邊是否乾燥。
若皂體還會跟矽膠模沾黏，請耐心等待1〜2兩天後再脫模，避免傷到皂體影響美觀。

2

皂體脫模後，挑選準備切皂的工具，可選擇線刀、波浪刀或是長度較長的水果刀。切皂時，將皂體放置在刀部的中間，厚度以3〜4公分為主。手臂與身體呈垂直角度，手握刀柄往下壓。

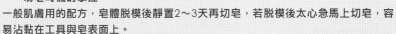

Tips

。。切皂時機的拿捏
一般肌膚用的配方，皂體脫模後靜置2〜3天再切皂，若脫模後太心急馬上切皂，容易沾黏在工具與皂表面上。
。。判斷方式
硬油比例或是硬度高的配方，脫模後可以隔天切皂。軟油比例或是硬度低的配方，脫模後需再晾皂一個星期再切皂。

蓋皂章的時機

1

切皂後約一個星期，就可以準備修皂，切皂後皂體四周成直角，拿握在手上會感到些許利刃感。修皂主要是把直角修飾掉，工具上可選擇刨刀、美工刀或修皂器。目前最方便的工具是修皂器，不但可以把導角修飾，增加握感的舒適度，還可以把凹凸不平的皂體表面稍作修飾，看起來比較平整。

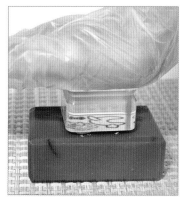

2

修皂後約等待2-3天讓皂表面水分稍微蒸發，就可以蓋上皂章囉！在沒有任何工具的協助下，徒手蓋皂章的技巧在於手臂與身體呈垂直線，利用手掌往下壓。

3

皂章邊緣壓至皂體表面上，切記不要用力過度，以免讓整個皂章陷入皂體中而失敗。

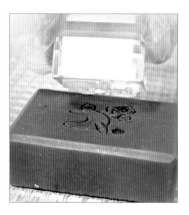

4

小心取出皂章，如果太過於用力拔取，容易
破壞皂體表面皂章的美觀。

5

完成。
圖案邊若還有一些小皂屑，可用細針或牙籤
挑起。

● 孟孟老師小叮嚀

適合全家人使用的皂，主要呈現不同比例的配方，展現不
同性質的肥皂，只要搭配生活上的材料，把適用性擴大，
一塊皂就能照顧全家人。

蕾果紫駝香甜皂

Emu Oil & Olive Soap

最愛的全方位配方,泡泡綿密、保濕又修護,
是學員們在課堂上呼聲很高的一塊好皂。

配方比例

		油量(g)	百分比(%)
使用油脂	椰子油	140	28
	棕櫚油	85	17
	橄欖油	150	30
	鴕鳥油	90	18
	甜杏仁油	35	7
合 計		500	100
鹼水	氫氧化鈉	76	
	水量	183	
精油	廣藿香精油	4	
	苦橙葉精油	4	
	薄荷精油	4	
皂液入模總重		771	

步 驟

step 1 準備好所有材料，量好油脂、氫氧化鈉。

step 2 使用純水冰塊或冰純水製作鹼水。

step 3 等待鹼水降溫至35度 C 以下，慢慢將鹼水分次倒入量好的油脂中，開始攪拌約二十分鐘。

step 4 繼續攪拌，至皂液呈light trace狀，此時皂液已呈現輕微濃稠度。

step 5 當皂液比light trace再濃一點時，加入精油，繼續攪拌均勻。

step 6 繼續攪拌至trace。

step 7 入模保溫。

step 8 等待兩天後脫模。

配方解碼

近幾年鴕鳥的經濟價值逐漸升高,其產業日趨發展。鴕鳥油是由鴕鳥背部定期抽取,不需殺生。該油脂質地溫和、分子細小、滲透性優,且具保濕力,可促進傷口癒合,對乾燥與裂傷的肌膚效果佳。米糠油、鴕鳥油、甜杏仁油都有共通的特性:適合脆弱、敏感的肌膚。把這幾種好油放在一起,調整好適用的配方,即是一塊全方位的手工皂喔!

性質表

香皂的性質	數值(依照性質改變)	建議範圍(不變)
Hardness 硬度	43	29-54
Cleansing 清潔力	20	12-22
Condition 保濕力	52	44-69
Bubbly 起泡度	20	14-46
Creamy 穩定度	23	16-48
Iodine 碘價	62	41-70
INS	158	136-165

鴕鳥油對於硬度與保濕力的數值有較大影響。本配方中,椰子油與棕櫚油的比例雖不高,但添加了18%的鴕鳥油,對於提高硬度頗有幫助。許多製皂者為了加強硬度,往往特意提高椰子油的比例,卻適得其反,造成清潔力提高、保濕力降低的情況,因此,加強硬度同時又能提高保濕度,才是這配方最重要的一環。其中橄欖油、鴕鳥油和甜杏仁油的搭配比例是保濕力最大的功臣。

鴕鳥油屬於動物性油脂,不易存放,因此使用後瓶口一定要用乾淨的衛生紙擦拭,再鎖好瓶蓋,置於冰箱冷藏,避免產生油耗味。

荷荷芭山茶洗髮皂

Camellia & Jojoba Shampoo Bar

這是值得一打的配方，也是我一開始接觸手工皂就愛上的洗髮皂配方，
每學期課表一定要安排這款洗髮皂。

配方比例

		油量(g)	百分比(%)
使用油脂	椰子油	150	30
	棕櫚油	90	18
	橄欖油	100	20
	黃金荷荷芭油	45	9
	蓖麻油	45	9
	山茶花油	70	14
合 計		500	100
鹼水	氫氧化鈉	73	
	水量	175	
精油	迷迭香精油	4	
	薰衣草精油	4	
	羅勒精油	4	
皂液入模總重		760	

步 驟

step 1 準備好所有材料,量好油脂、氫氧化鈉。

step 2 使用純水冰塊或冰純水製作鹼水。

step 3 等待鹼水降溫至35度 C 以下,慢慢將鹼水分次倒入量好的油脂中,開始攪拌約二十分鐘。

step 4 繼續攪拌,至皂液呈light trace狀,此時皂液已呈現輕微濃稠度。

step 5 當皂液比light trace再濃一點時,加入精油,繼續攪拌均勻。

step 6 繼續攪拌至trace。

step 7 入模保溫,等待兩天後脫模。

配方解碼

　　山茶花油的營養價值及高溫中的安定性可媲美橄欖油，且具有高抗氧化物質，保濕、滲透性佳，可以鎖住皮膚內的水分，使用在洗髮皂配方中，不僅清爽，也富有彈性。

　　配方中搭配荷荷芭油，主要是因為該成分類似人體皮膚中的油脂，具有抗氧化、保濕、滋潤與軟化頭髮的特性，安定性高，容易適應皮膚，使用感覺清爽。因為它不容易變質，又能提高保濕效果，便得此配方不僅能夠洗髮，還適合油性肌膚洗臉、沐浴喔！

性質表

香皂的性質	數值（依照性質改變）	建議範圍（不變）
Hardness 硬度	38	29-54
Cleansing 清潔力	20	12-22
Condition 保濕力	50	44-69
Bubbly 起泡度	28	14-46
Creamy 穩定度	25	16-48
Iodine 碘價	57	41-70
INS	149	136-165

　　本配方皂體硬度不高、偏軟，因此使用時耗損比較快。以洗髮為主的配方，除了添加頭皮與髮絲適合的油脂之外，重點需要考量到清潔度和起泡度。若清潔度不佳，洗起來會有黏稠感，若起泡度與穩定度不好，使用中會感到「沒有泡沫就洗不乾淨」的刻板觀念。若稍微把蓖麻油的比例拉高一些，不但有助於起泡，保濕力也相對提高。

洋甘菊黑糖保濕皂

Chamomile & Brown Suger Soap

甜蜜蜜的蜂蜜添加在皂中，如同埃及豔后般美麗又綿密的泡沫饗宴。

配方比例

		油量(g)	百分比(%)
使用油脂	棕櫚核仁油	125	25
	棕櫚油	65	13
	葡萄籽油	100	20
	洋甘菊浸泡橄欖油	110	22
	小麥胚芽油	50	10
	可可脂	50	10
合　　計		500	100
鹼水	氫氧化鈉	69	
	水量	136	
精油	迷迭香精油	4	
	薰衣草精油	4	
	羅勒精油	4	
添加物	蜂蜜	10	
	黑糖	10	
	水量	30	
皂液入模總重		767	

步　驟

step 1　準備好100g乾燥的洋甘菊放入500g橄欖油中，並浸泡一個月以上。

step 2　準備好所有材料，量好油脂、氫氧化鈉。

step 3　以水量30g溶解蜂蜜10g、黑糖10g備用。

step 4　使用純水冰塊或冰純水製作鹼水。

step 5　等待鹼水降溫至35度C以下，慢慢將鹼水分次倒入量好的油脂中，開始攪拌二十分鐘，直到皂液呈light trace狀。

step 6　感覺皂液比light trace更濃稠時，加入精油。

step 7　先倒出100g皂液，與50g黑糖蜂蜜水確實攪拌均勻後，再倒回原來的鍋子中。

step 8　繼續攪拌至trace。

step 9　入模保溫。

step 10　等待兩天後脫模。

配方解碼

洋甘菊在古代歐洲代表著「高貴」，且具有相當的地位，著名功效有：放鬆、穩定情緒、安定神經、幫助睡眠、促進傷口癒合、改善肌膚等，因此又稱為「大地的蘋果」。

配方中使用橄欖油浸泡洋甘菊，除了釋放分子到油脂中讓皮膚得到養分，另外也使用洋甘菊精油，透過嗅覺得到芳療的效果。

黑糖是未精製的純糖，對皮膚細胞有抗氧化及修護的作用，需酌量添加入皂，添加的時機以皂液接近trace時為佳。

蜂蜜可說是最天然的保濕劑，能將皮膚的水分鎖住，使膚質增加彈性與保濕度。蜂蜜中的天然氨基酸會在皮膚表面形成天然的保護膜，對於乾性和敏感性肌膚最適合。

Tips

配方中溶解蜂蜜、黑糖的水，可以用牛奶代替。

性 質 表

香皂的性質	數值(依照性質改變)	建議範圍(不變)
Hardness 硬度	39	29-54
Cleansing 清潔力	16	12-22
Condition 保濕力	58	44-69
Bubbly 起泡度	16	14-46
Creamy 穩定度	23	16-48
Iodine 碘價	73	41-70
INS	133	136-165

　　本配方的碘價破表了。其實碘價與INS值是互相牽引的數據，通常碘價愈高，INS值愈低；碘價愈低，INS值愈高。

　　本配方雖然碘價高，但INS值還正常喔！再利用Soap calc配方性質網頁（P.15）仔細檢視配方中的飽和脂肪酸與不飽和脂肪酸的比例，也在正常的比例範圍之內。

　　葡萄籽油與小麥胚芽油比例偏高，攪拌的過程會因為添加黑糖與蜂蜜的關係，使得trace的速度會變快，請讀者們留意trace速度，以免添加物加入後措手不及。

左手香消炎抗菌皂

Mexican Mint Soap

左手香是能見度高的植物，也是入皂的好物。
透過顏色的褪變，豐富玩皂的歷程。

配方比例

		油量(g)	百分比(%)
使用油脂	椰子油	140	28
	棕櫚油	90	18
	橄欖油	135	27
	米糠油	85	17
	葵花油	50	10
	合　　計	500	100
鹼水	氫氧化鈉	75	
	水量	140	
精油	迷迭香精油	7	
	薰衣草精油	5	
添加物	左手香泥	40	
皂液入模總重		767	

步　驟

step 1 先摘取左手香100g，放入300cc的純水中，用電動攪拌棒或果汁機打成細泥狀。

step 2 將左手香汁過濾，盡量把葉渣細泥過濾乾淨，放至一旁備用，再將左手香汁冷藏或製成冰塊。

step 3 準備好所有材料，量好油脂、氫氧化鈉。

step 4 使用左手香冰塊製作鹼水。

▲ 左手香汁

step *5* 等待鹼水降溫至35度C以下，慢慢將鹼水分次倒入量好的油脂中，開始攪拌二十分鐘。

step *6* 繼續攪拌，至皂液呈light trace狀，此時皂液已經呈現輕微的濃稠度。

step *7* 當皂液比light trace再濃一點時，加入精油與左手香泥，繼續攪拌均勻。

step *8* 攪拌至trace。

step *9* 入模保溫。

step *10* 等待兩天後脫模。

▲ 將左手香泥入皂

香草添加物解碼

　　左手香又名「到手香」，顧名思義，當手碰到這種植物時，就可以聞到一股嗆味香氣，但不難聞。

　　在家庭園藝中，左手香是一款很容易辨認的香草類。有預防感冒、退燒、消炎解痛與緩解燙傷的功效。早期醫藥尚不發達時，遇到頭痛、喉嚨發炎、牙痛、刀傷等狀況，老祖先會把左手香葉片搗碎敷蓋或口服，可以減輕症狀。現今醫藥發達，讀者們雖要安心玩皂，放心玩香草，但若有病症還是先詢問醫療專業為先喔！

栽種方法 扦插法。生命力強韌，隨插隨活，耐旱喜高溫，可全日照，留意排水良好。

性 質 表

香皂的性質	數值（依照性質改變）	建議範圍（不變）
Hardness 硬度	41	29-54
Cleansing 清潔力	19	12-22
Condition 保濕力	54	44-69
Bubbly 起泡度	19	14-46
Creamy 穩定度	22	16-48
Iodine 碘價	67	41-70
INS	145	136-165

配方運用

針對配方中的油品，我會將米糠油與芥花油依照性質的需求而互相代替，兩者保濕度與硬度皆不同，性質、特性也不同，可以根據油脂的部分特性相互替換。

▲ 左手香入皂會先呈現深綠色的皂體，經過晾皂風乾後，會自然褪色，這張圖片便是切皂後第一個星期拍攝的顏色喔！

保濕度提高的配方變化

把芥花油代替米糠油所產生的硬度與保濕度差異較大，芥花油的硬度比米糠油低，但保濕比米糠油好，因此芥花油代替米糠油後：硬度由41→38，保濕度由54→58，皂體稍微軟一點，因此脫模、切皂的時間可以稍微拉長，讓皂體脫模、切皂的成果更美觀。

使用油脂	百分比(%)
椰子油	28
棕櫚油	18
橄欖油	27
芥花油	17
葵花油	10

性 質 表

香皂的性質	數值(依照性質改變)	建議範圍(不變)
Hardness 硬度	38	29-54
Cleansing 清潔力	19	12-22
Condition 保濕力	58	44-69
Bubbly 起泡度	19	14-46
Creamy 穩定度	19	16-48
Iodine 碘價	67	41-70
INS	143	136-165

同時加強保濕度與起泡度的配方變化

若要將這配方調整為適合喜歡泡沫多的使用者,可把芥花油百分比減少5%,增加蓖麻油5%,就可以很奇妙地同時達到保濕與起泡的效果喔!

使用油脂	百分比(%)
椰子油	28
棕櫚油	18
橄欖油	27
芥花油	12
葵花油	10
蓖麻油	5

香皂的性質	數值(依照性質改變)	建議範圍(不變)
Hardness 硬度	38	29-54
Cleansing 清潔力	19	12-22
Condition 保濕力	58	44-69
Bubbly 起泡度	23	14-46
Creamy 穩定度	23	16-48
Iodine 碘價	66	41-70
INS	144	136-165

羅勒抗菌洗手皂

Basil Antibacterial Soap

菜碟上的配角,換個裝,
也是遠離細菌的主角。

配方比例

		油量(g)	百分比(%)
使用油脂	椰子油	250	50
	棕櫚油	125	25
	大豆油	110	22
	蜜蠟	15	3
合　計		500	100
鹼水	氫氧化鈉	81	
	羅勒汁	184	
精油	茶樹精油	6	
	羅勒精油	6	
添加物	新鮮羅勒葉	10	
	冰片	5	
皂液入模總重		792	

步　驟

step 1　準備好所有材料，量好油脂、氫氧化鈉。

step 2　將新鮮羅勒葉30g切碎，與冰純水混合攪成泥狀，再將羅勒葉細泥濾出10g備用。

step 3　使用冰羅勒汁製作鹼水。

▶ 羅勒汁

step 4 　等待鹼水降溫至35度C以下，慢慢將鹼水分次倒入量好的油脂中，開始攪拌二十分鐘，直到皂液呈light trace狀。

step 5 　繼續攪拌，至皂液呈light race狀，此時皂液已經呈現輕微的濃稠度。

step 6 　當皂液比light trace再濃一點時，加入精油，繼續攪拌均勻。

▲ 羅勒葉泥入皂

step 7 　羅勒葉泥10g、冰片5g放入皂液，攪拌至trace。

step 8 　入模保溫，等待兩天後脫模。

香草添加物解碼

　　羅勒有穩定情緒、止痛、鎮定與殺菌的效果，在台灣很多人會把羅勒和九層塔畫上等號，其實兩種是不同品種的植物喔！九層塔為亞洲品種，是羅勒的一種，但是羅勒的品種就有五百多種，簡單來説，亞洲羅勒（九層塔）的味道香濃強烈，西洋羅勒味道較淡香，且價格較貴。

性 質 表

香皂的性質	數值(依照性質改變)	建議範圍(不變)
Hardness 硬度	56	29-54
Cleansing 清潔力	34	12-22
Condition 保濕力	35	44-69
Bubbly 起泡度	34	14-46
Creamy 穩定度	22	16-48
Iodine 碘價	47	41-70
INS	181	136-165

洗手皂的配方主要強調「稍微提高」的清潔度，利用家用油脂和清潔度高的椰子油依比例搭配製作。舉例來說，一般身體沐浴皂的清潔力則落在12～22之間，我設計的米糠家事護手皂清潔力有54，清潔度與硬度皆要比一般沐浴皂高，但比家事皂低，對於肌膚的滋潤度與保護皆比普通家事皂還要好喔！

配方運用

讓性質再溫和一些的配方變化：溫和洗手皂

香皂的性質	數值（依照性質改變）	建議範圍（不變）
Hardness 硬度	51	29-54
Cleansing 清潔力	30	12-22
Condition 保濕力	43	44-69
Bubbly 起泡度	30	14-46
Creamy 穩定度	21	16-48
Iodine 碘價	59	41-70
INS	169	136-165

這是可以適用於手部肌膚較脆弱部分的配方，把椰子油從原本的50%降到45%，再搭配具有保養、保濕肌膚效果的乳油木果脂，同時達到清潔與呵護、保養手部脆弱肌膚的三重完美效果。

使用油脂	百分比(%)
椰子油	45
棕櫚油	20
葡萄籽油	17
大豆油	15
乳油木果脂	3

優雅馬鬱蘭

Elegant Marjoram

小葉的馬鬱蘭和浪漫的薰衣草,伴隨著乳油木一起皂化,
帶出沉穩的保濕性與優雅的香氛。

配方比例

		油量(g)	百分比(%)
使用油脂	椰子油	120	24
	棕櫚油	100	20
	薰衣草浸泡橄欖油	195	39
	（未精製）乳油木果	50	10
	葵花油	35	7
	合　　計	500	100
鹼水	氫氧化鈉	74	
	馬鬱蘭汁	168	
精油	薰衣草精油	4	
	快樂鼠尾草精油	4	
	檸檬精油	4	
添加物	馬鬱蘭葉渣	10	
皂液入模總重		764	

步　　驟

step 1 準備好所有材料，量好油脂、氫氧化鈉。

step 2 將新鮮馬鬱蘭葉10g水煮後，與葉末攪成泥狀備用。

step 3 使用純水冰塊或冰純水製作鹼水。

step 4 等待鹼水降溫至35度C以下，慢慢將鹼水分次倒入量好的油脂中，開始攪拌二十分鐘，直到皂液呈light trace狀。

▲ 步驟2

step 5 　繼續攪拌，至皂液成light trace狀，此時皂液已經呈現輕微的濃稠度。

step 6 　當皂液比light trace再濃一點時，加入精油，繼續攪拌均勻。

step 7 　馬鬱蘭葉泥10g放入皂液。

step 8 　攪拌至trace。

step 9 　入模保溫。

step 10 　等待兩天後脫模。

香草添加物解碼

　　小葉瓣的馬鬱蘭，看似平凡，然而手一摸，芳香立現。以熱水沖泡馬鬱蘭，味道芬芳，在情緒上有消除紓解壓力、減低憂慮、溫暖情緒的功效，對神經系統有安撫效果。早期醫藥不發達時，馬鬱蘭也能外用於消瘀血。

性 質 表

香皂的性質	數值(依照性質改變)	建議範圍(不變)
Hardness 硬度	41	29-54
Cleansing 清潔力	16	12-22
Condition 保濕力	56	44-69
Bubbly 起泡度	16	14-46
Creamy 穩定度	25	16-48
Iodine 碘價	61	41-70
INS	148	136-165

成皂後皂體的硬度頗高，因乳油木果脂本身的油脂性質能加強硬度。

配方運用

油性肌膚也能安心使用的配方

　　為了使油性肌膚也能舒服使用，本配方可以調整乳油木果比例為5%，保濕度則由其他油脂來增強。若要以保濕度性質為主，椰子油的搭配比例不能太高，所以性質中清潔度、起泡度相對低。

使用油脂	百分比(%)
椰子油	29
棕櫚油	20
薰衣草浸泡橄欖油	26
乳油木果脂	5
葵花油	10
葡萄籽油	10

　　若想要讓油性肌膚更有清潔度，就把椰子油提高5%，橄欖油降低，其餘微調，這樣的配方性質上就很適合需要清潔力較高的肌膚了。

性質表

香皂的性質	數值（依照性質改變）	建議範圍（不變）
Hardness 硬度	42	29-54
Cleansing 清潔力	20	12-22
Condition 保濕力	54	44-69
Bubbly 起泡度	20	14-46
Creamy 穩定度	22	16-48
Iodine 碘價	65	41-70
INS	150	136-165

No. *07*
The Handmade Soap

雙色天使

Sweet Almond & Castor Oil Soap

隨著皂液的流動，如同畫布上的粉刷，
刷出柔美自然的線條。

全
家
人
都
適
用
的
皀
款

配方比例

		油量(g)	百分比(%)
使用油脂	椰子油	250	25
	棕櫚油	180	18
	橄欖油	400	40
	甜杏仁油	100	10
	蓖麻油	70	7
合 計		1000	100
鹼水	氫氧化鈉	149	
	水量	358	
精油	迷迭香精油	20	
添加物	茜草根粉	2	
	白色珠光粉	2	
皂液入模總重		1531	

步驟

step 1 依照冷製皂的製作步驟與過程,將皂液操作到接近light trace。

step 2 當皂液呈light trace時,加入精油,繼續攪拌均勻。

step 3 持續攪拌到皂液表面可以明顯畫出8字,此時將近trace。

step 4 開始分鍋。

step 5 倒出皂液200g於量杯中,加入茜草根粉2g(深紅色)攪拌均勻。
倒出皂液200g於量杯中,加入白色珠光粉2g(白色)攪拌均勻。

step 6 把深紅色量杯(茜草根粉)拉高沖渲於原鍋中。

step 7 把白色量杯(白珠光粉)拉高沖渲於原鍋中。

step 8 使用溫度計或筷子,將表面皂液顏色稍微畫開。

step 9 利用線條的流動性，將原鍋皂液慢慢倒入皂模中。

step 10 入模保溫。

step 11 等待兩天後脫模。

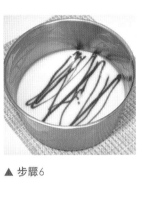
▲ 步驟6

▲ 步驟7-1

▲ 步驟7-2

▲ 步驟8

▲ 步驟9

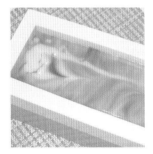
▲ 步驟10

技法說明

　　回鍋式渲染技法強調皂液濃度須接近trace時，才開始分鍋調色及回鍋。如果皂液濃度不夠濃稠，會讓顏色線條不俐落也不明顯，更看不出線條流動之美。回鍋沖入皂液時，要將皂液沖到底，讓切皂後的原鍋色皂液看起來不會太多，步驟8可以依照自己的喜愛選擇畫與不畫。

添加物解碼

　　在調色草本粉類中，茜草根粉的色彩柔美，常用於分層或渲染技法中。添加量的多寡會影響皂液的顏色。各項技法的顏色運用中，白色珠光粉是一款運用度很高的配角。用白珠光調配出來的顏色比原鍋的黃色皂液還要白，可以區隔出茜草根與原鍋皂液的顏色。

性 質 表

香皂的性質	數值（依照性質改變）	建議範圍（不變）
Hardness 硬度	36	29-54
Cleansing 清潔力	17	12-22
Condition 保濕力	60	44-69
Bubbly 起泡度	23	14-46
Creamy 穩定度	26	16-48
Iodine 碘價	62	41-70
INS	149	136-165

三色塗鴉

Three-Colored Graffiti Soap

濃厚的青黛，絢亮的紅辣椒，看著指尖上的小精靈，
醉倒在迷人的線條中。

配方比例

		油量(g)	百分比(%)
使用油脂	椰子油	270	27
	棕櫚油	220	22
	橄欖油	250	25
	甜杏仁油	130	13
	榛果油	80	8
	蓖麻油	50	5
合 計		1000	100
鹼水	氫氧化鈉	150	
	水量	360	
精油	尤加利精油	10	
	快樂鼠尾草精油	10	
添加物	白色珠光粉	1.5	
	藍青黛粉	1	
	紅色辣椒萃取液	2	
皂液入模總重		1534.5	

步驟

step 1　依照冷製皂的製作步驟與過程，將皂液操作到接近light trace。

step 2　當皂液呈light trace時，加入精油，繼續攪拌均勻。

step 3　開始分鍋，倒出皂液200g於量杯中，加入1g白色珠光粉（白色）攪拌均勻。

step 4　倒出皂液200g於量杯中，加入藍青黛粉1g（深藍色）攪拌均勻。

step 5　倒出皂液200g於量杯中，加入紅色辣椒萃取液1g（橘紅色）攪拌均勻。

step 6 大鍋與三個顏色的量杯持續攪拌至將近trace。

step 7 將大鍋（原皂液）倒入皂模中。

step 8 先考量好三種顏色皂液間隔的寬度。

step 9 將白色量杯稍微拉高舉起一些，將皂液成一直線，從皂模左側沖入原色皂液中。

step 10 將藍色量杯稍微拉高舉起，將皂液成一直線，從皂模中間沖入原色皂液中。

step 11 將紅色量杯稍微拉高舉起，將皂液成一直線，從皂模右側沖入原色皂液中。

step 12 使用一雙玻璃攪拌棒／筷子，輕碰到皂模底部，從兩側連續將皂液來回左右畫開。

step 13 再從左上側由上往下以大幅度平行8字，由兩側畫下。

step 14 由左下角以左右對角斜線方向往右上角畫。

step 15 完成後，入模保溫，等待兩天後脫模。

▲ 步驟9.10.11

▲ 步驟12-1

▲ 步驟12-2

▲ 步驟13

▲ 步驟14

▲ 步驟15

技法說明

這款皂總共調出三個顏色，加上原色共四鍋顏色，如果只有一個人操作，切記四鍋皂要輪流攪拌均勻，控制皂液入模的最佳濃度。開始渲染時，千萬不要手殘多畫，要觀察線條是否俐落，以不互相吃色的範圍為主，多練習才能做出俐落繽紛的線條。

配方解碼

挑選的三個顏色都是屬於皂用顏色，但是添加量都很少，只要一點點就能呈現鮮明的色澤，所以添加時要小心斟酌。配方中添加了蓖麻油，攪拌時間不會太久，但為了避免加速皂化而手忙腳亂，所添加的精油也要小心慎選，要避免使用會加速皂化的精油或香精。

性 質 表

香皂的性質	數值（依照性質改變）	建議範圍（不變）
Hardness 硬度	38	29-54
Cleansing 清潔力	18	12-22
Condition 保濕力	57	44-69
Bubbly 起泡度	23	14-46
Creamy 穩定度	24	16-48
Iodine 碘價	61	41-70
INS	153	136-165

Part 3

媽咪適用皂款

女性的膚質偏向細緻、光滑，
在手工皂的油脂配方與添加物搭配中，著重保濕、潤膚、高養分。
讓家中的女性朋友可以在清潔肌膚的同時，
把具有美容功效的生活食材融入皂中，
間接讓肌膚吸收到天然的美容饗宴。

澳洲甜心

Australia Sweetheart Soap

光看配方就知道是一款滋潤度偏高的皂寶寶，
提高滋潤度的另一種做法是：超脂。

配方比例

		油量(g)	百分比(%)
使用油脂	棕櫚核仁油	130	26
	紅棕櫚油	100	20
	橄欖油	150	30
	甜杏仁油	55	11
	澳洲胡桃油	40	8
	蓖麻油	25	5
合　　計		500	100
鹼水	氫氧化鈉	75	
	水量	180	
精油	迷迭香精油	4	
	薰衣草精油	4	
	玫瑰天竺葵	4	
超脂	開心果油	20	
皂液入模總重		787	

步驟

step 1 準備好所有材料與精油，量好油脂、氫氧化鈉。並另外量好15～20g開心果油備用。

step 2 使用純水冰塊或冰純水製作鹼水。

step 3 等待鹼水降溫至35度C以下，慢慢將鹼水分次倒入量好的油脂中，開始攪拌約二十分鐘。

step 4 繼續攪拌，至皂液呈light trace狀，此時皂液已呈現輕微濃稠度。

step 5 當皂液比light trace再濃一點時，加入精油，繼續攪拌均勻。

step 6   加入開心果油，繼續攪拌均勻至 trace。

step 7   在皂液表面確定可以明顯畫出8字。

step 8   入模保溫。

step 9   等待兩天後脫模。

▲ 紅棕櫚油呈現型態

配方解碼

開心果油富含維生素 E 和不飽和脂肪酸，能夠抗老化，具有防曬、保護皮膚的功能，是滋潤度極高的護膚材料。該油脂質地清爽，使用上不會有油膩感，對於軟化皮膚有顯著的效果，也被廣泛使用在護髮產品裡。

手工皂配方中若選擇超脂，則不需要減鹼。超脂油品建議在皂液接近trace時加入，因為這少量添加的滋潤油脂未與氫氧化鈉作用，所以保留的養分比較多，使用起來更加滋潤。此配方trace的時間比一般皂款還快，所以事前材料的準備一定要完整，以免閃神皂液就trace，準備的添加物一樣都來不及加了。

性 質 表

香皂的性質	數值(依照性質改變)	建議範圍(不變)
Hardness 硬度	36	29-54
Cleansing 清潔力	17	12-22
Condition 保濕力	59	44-69
Bubbly 起泡度	22	14-46
Creamy 穩定度	24	16-48
Iodine 碘價	63	41-70
INS	144	136-165

part
3

　　此款手工皂的油脂配方，並沒有把加脂的配方開心果油算進去。軟油比例高，會讓硬度與清潔度降低，但保濕力提高。從本配方可以看出，硬油的比例低於總油量的50%，單一油品的橄欖油高達30%，再搭配其他優質軟油油品，因此造就了高保溼度的配方。

◉ 盂盂老師小叮嚀

手工皂性質中的數值屬單純計算油脂配方，不會將超脂算入，因為超脂屬後加動作。待全部油脂與氫氧化鈉攪拌皂化後，再強迫性的添加油脂，會讓後加的油脂找不到屬於它的鹼；殘留油脂若過多，會影響後續成皂晾皂過程的變化，最明顯的就是產生油斑，所以超脂的 g 數建議不超過總油量的3%，避免影響成皂品質。

酪梨深層卸妝皂

Avocado Cleansing Soap

溫和的酪梨油和保濕的乳油木，寶貝呵護細緻的肌膚，
適合淡妝的朋友，可以清潔臉部髒污與淡妝。

配方比例

		油量(g)	百分比(%)
使用油脂	椰子油	115	23
	棕櫚油	75	15
	橄欖油	110	22
	未精製乳油木果脂	90	18
	未精製酪梨油	110	22
合　　計		500	100
鹼水	氫氧化鈉	73	
	水量	175	
精油	羅勒精油	4	
	玫瑰天竺葵精油	4	
	花梨木精油	4	
添加物	酪梨萃取液	3	
皂液入模總重		763	

步　驟

step 1　準備好所有材料與精油，量好油脂、氫氧化鈉。

step 2　使用純水冰塊或冰純水製作鹼水。

step 3　先將未精製乳油木果脂、椰子油和棕櫚油加熱至溶化後，再將其他油脂加入鍋中。

step 4　使用純水冰塊或冰純水製作鹼水。

step 5　等待鹼水降溫至35度C以下，慢慢將鹼水分次倒入量好的油脂中，開始攪拌約二十分鐘。

step 6　繼續攪拌，至皂液呈light trace狀，此時皂液已呈現輕微濃稠度。

step 7　當皂液比light trace再濃一點時，加入精油，繼續攪拌均勻。

step 8　繼續攪拌至trace。

step 9　入模保溫。

step 10　等待兩天後脫模。

配方解碼

　　未精製酪梨油未經過脫色、脫臭，呈現墨綠色。該油脂不但溫和，使用在肌膚清潔上具有深層清潔效果。對於濕疹、消除黑斑與皺紋有良好的功效，在不同的配方中也適合乾性肌膚使用。新鮮的酪梨果肉也能善加利用，將酪梨打成泥狀後取15g，在皂液接近treace時添加入皂。

　　配方中使用的乳油木果脂會影響成皂的顏色。使用迦納（未精製）乳油木果脂呈乳黃色，若想利用油脂製作出淡綠色作品，推薦使用未精製酪梨油。會加強綠色的呈現，但未精製酪梨油會因為採收的季節與產地而有色差。

01 精製乳油木果　　*02* 未精製乳油木果

配方中的硬油占56%（椰子油、棕櫚油、乳油木果脂），硬度與INS值偏高，成皂後皂體硬度優良喔！建議在脫模後3～7天內切皂，效果較佳。該配方以臉部清潔為主，因此清潔力不需太高，以免造成過高的清潔度。橄欖油、乳油木果脂與未精製酪梨油的比例所形成的保濕力屬良好。

性 質 表

香皂的性質	數值(依照性質改變)	建議範圍(不變)
Hardness 硬度	42	29-54
Cleansing 清潔力	16	12-22
Condition 保濕力	56	44-69
Bubbly 起泡度	16	14-46
Creamy 穩定度	27	16-48
Iodine 碘價	58	41-70
INS	147	136-165

濃妝的朋友建議先使用卸妝油將臉部的彩妝卸除。

明亮白雪皂

Bright Snow Soap

在既有的性質概念下，
成功運用瓶底少量的油脂，實現白亮的顏色。

配方比例

		油量(g)	百分比(%)
使用油脂	椰子油	100	20
	棕櫚油	85	17
	橄欖油	140	28
	芥花油	35	7
	榛果油	35	7
	蓖麻油	45	9
	鴕鳥油	60	12
合　　計		500	100
鹼水	氫氧化鈉	73	
	水量	175	
精油	薰衣草精油	6	
	檸檬精油	6	
皂液入模總重		760	

步　驟

step 1　準備好所有材料與精油，量好油脂、氫氧化鈉。

step 2　使用純水冰塊或冰純水製作鹼水。

step 3　等待鹼水降溫至35度 C 以下，慢慢將鹼水分次倒入量好的油脂中，開始攪拌約二十分鐘。

step 4　繼續攪拌，至皂液呈light trace狀，此時皂液已呈現輕微濃稠度。

step 5　當皂液比light trace再濃一點時，加入精油，繼續攪拌均勻。

step 6　繼續攪拌至trace。

step 7　入模保溫。

step 8　等待兩天後脫模。

　　這款是我的配方中，少數使用多款油脂的配方，在每款油脂中獲得不同的效果與養分，尤其少量的鴕鳥油與榛果油，可以讓皂的滋潤度上升，洗感泡沫綿密豐富。成皂顏色偏白色，是少數顏色較白的配方。

　　鴕鳥油的取得管道比較少，在網路上搜尋鴕鳥牧場或販售鴕鳥肉的店家，通常可以購得。若手邊無鴕鳥油，想要用其他油脂代替，可選擇精製乳油木果或可可脂，兩款未精製油脂的顏色偏黃，多少會影響到成皂的顏色，若讀者不介意成皂顏色，或是想要嘗試代替油脂，當然也是沒問題的唷！替換油品後，數值變動不大，實際上的洗感則會因為沒有添加鴕鳥油，泡沫綿密感稍微降低，可以多多嘗試看看。

性 質 表

香皂的性質	數值(依照性質改變)	建議範圍(不變)
Hardness 硬度	34	29-54
Cleansing 清潔力	14	12-22
Condition 保濕力	61	44-69
Bubbly 起泡度	22	14-46
Creamy 穩定度	28	16-48
Iodine 碘價	69	41-70
INS	140	136-165

迷迭香氛皂

Rosemary Soap

將家庭園藝中常見的花花草草浸泡在油脂中，
又是不一樣的玩皂樂趣。

配方比例

		油量(g)	百分比(%)
使用油脂	椰子油	140	28
	棕櫚油	85	17
	迷迭香 + 香蜂草浸泡橄欖油	150	30
	小麥胚芽油	50	10
	甜杏仁油	50	10
	蓖麻油	25	5
合 計		500	100
鹼水	氫氧化鈉	75	
	水量	180	
精油	薰衣草精油	4	
	薄荷精油	4	
	迷迭香精油	4	
皂液入模總重		767	

步驟

step 1　先將乾燥的迷迭香與香蜂草各取100g，放入一公斤橄欖油中，浸泡至少一個月以上。

step 2　準備好所有材料與精油，量好油脂、氫氧化鈉。

step 3　使用純水冰塊或冰純水製作鹼水。

step 4　等待鹼水降溫至35度 C 以下，慢慢將鹼水分次倒入量好的油脂中，開始攪拌約二十分鐘。

step 5　繼續攪拌，至皂液呈light trace狀，此時皂液已呈現輕微濃稠度。

step 6　當皂液比light trace再濃一點時，加入精油，繼續攪拌均勻。

step 7　繼續攪拌至trace。

step 8　入模保溫。

step 9　等待兩天後脫模。

配方解碼

　　乾燥花草浸泡於油脂中，浸泡期間需要不時搖晃，主要是讓植物中的萃取成分能釋放更多在油脂中。

　　迷迭香的拉丁原名為「海之朝露」，對於迷迭香入皂，大部分製皂者還是偏向於頭髮調理。迷迭香具有殺菌功能和高刺激性，高血壓、癲癇患者、孕婦及嬰幼兒應避免使用。

　　香蜂草主產地在法國，是一種很耐寒的植物，即使在零度以下仍是綠油油的一片，很受蜜蜂喜愛，因此又稱蜜蜂花。其味道像檸檬的香氛，有止痛、穩定情緒的功能。

▲ 迷迭香

▲ 香蜂草

性 質 表

香皂的性質	數值(依照性質改變)	建議範圍(不變)
Hardness 硬度	42	29-54
Cleansing 清潔力	24	12-22
Condition 保濕力	53	44-69
Bubbly 起泡度	33	14-46
Creamy 穩定度	27	16-48
Iodine 碘價	57	41-70
INS	161	136-165

配方應用

增加起泡度的迷迭香洗髮皂

我建議將配方調整為蓖麻油10%，小麥胚芽油5%，甜杏仁油8%，其餘不變。調整後性質不會改變太多，可放心洗髮，對於喜歡泡沫多的使用者，是一款可從頭洗到腳的全方位好皂喔！

使用油脂	百分比(%)
椰子油	35
棕櫚油	17
橄欖油	25
小麥胚芽油	5
甜杏仁油	8
蓖麻油	10

香皂的性質	數值(依照性質改變)	建議範圍(不變)
Hardness 硬度	39	29-54
Cleansing 清潔力	20	12-22
Condition 保濕力	57	44-69
Bubbly 起泡度	29	14-46
Creamy 穩定度	28	16-48
Iodine 碘價	60	41-70
INS	154	136-165

豆腐美人

Tofu Beauty Soap

豆腐是可以提供人體高養分、降低血中膽固醇的優質食物，
只要一匙，就能把它變身成粉嫩美人的專屬手工皂。

配方比例

		油量(g)	百分比(%)
使用油脂	棕櫚核仁油	130	26
	棕櫚油	125	25
	橄欖油	135	27
	葵花油	85	17
	未精製乳油木果	25	5
合　計		500	100
鹼水	氫氧化鈉	75	
	馬鬱蘭汁	140	
精油	廣藿香精油	4	
	檸檬精油	4	
	玫瑰天竺葵精油	4	
添加物	豆腐泥	30	
	蜂蜜	10	
後加	葡萄籽萃取液	1	
皂液入模總重		768	

步　驟

step 1　準備好所有材料與精油，量好油脂、氫氧化鈉。

step 2　將豆腐與蜂蜜共40g，打成泥狀備用。

step 3　使用純水冰塊或冰純水製作鹼水。

step 4　等待鹼水降溫至35度C以下，慢慢將鹼水分次倒入量好的油脂中，開始攪拌約二十分鐘，直到皂液呈light trace狀。

step 5　當皂液比light trace再濃一點時，加入精油，繼續攪拌均勻。

step 6　先倒出原鍋100g皂液，與新鮮豆
　　　　腐蜂蜜泥40g混合，攪拌均勻後再
　　　　倒回原鍋。

step 7　繼續攪拌至trace，並入模保溫，
　　　　等待兩天後脫模。

配方解碼

　　豆腐原料中的大豆含有豐富的鐵、鉬、錳、銅、鋅、硒等微量元素，其中以鐵含量最高，對於鐵質貧血症狀患者有相當大的效果。在美容功效中，豆腐中的天然卵磷脂成分具滋潤作用，豐富的大豆異黃酮素可使皮膚變細緻，防止老化，是女性維持細嫩光澤皮膚的內外好食物。

　　沒有很強的清潔度是該配方在設計上的主要訴求，本身保濕力與硬度都夠，原配方中保濕度已有54數值，再加上添加物中有豆腐與蜂蜜，所以皂體脫模時偏軟，在脫模、切皂階段不能太心急。秤量豆腐泥與蜂蜜要精準，太多添加物會讓氫氧化鈉與脂肪酸皂化不完全。很適合女性臉部肌膚、小孩與老年人沐浴使用。

性 質 表

香皂的性質	數值(依照性質改變)	建議範圍(不變)
Hardness 硬度	42	29-54
Cleansing 清潔力	18	12-22
Condition 保濕力	54	44-69
Bubbly 起泡度	18	14-46
Creamy 穩定度	24	16-48
Iodine 碘價	64	41-70
INS	148	136-165

茯苓瓜瓜

Poria Soap

小黃瓜和茯苓的搭配，是絕配，是挑戰，也是另一種美感。

配方比例

		油量(g)	百分比(%)
使用油脂	椰子油	135	27
	棕櫚油	100	20
	米糠油	150	30
	山茶花油	75	15
	精製酪梨油	40	8
合　計		500	100
鹼水	氫氧化鈉	75	
	小黃瓜汁	170	
精油	檸檬尤加利精油	4	
	快樂鼠尾草精油	4	
	茶樹精油	4	
添加物	小黃瓜泥	10	
	白茯苓粉	2	
後加	葡萄籽萃取液	1	
皂液入模總重		770	

步驟

step 1　準備好所有材料與精油，量好油脂、氫氧化鈉。

step 2　將小黃瓜連皮切丁，攪拌成泥狀，濾出170g小黃瓜汁備用。

step 3　使用小黃瓜汁冰塊或冰水製作鹼水。

step 4　等待鹼水降溫至35度C以下，慢慢將鹼水分次倒入量好的油脂中，開始攪拌約二十分鐘。

step 5　皂液濃度比light trace再濃一點時，加入精油，繼續攪拌均勻。

step 6 感覺皂液攪拌多了一些阻力時，再將白茯苓粉2g與小黃瓜泥10g倒入。

step 7 添加物與皂液混合攪拌均勻後，再加入葡萄籽萃取液10滴。

step 8 繼續攪拌至trace。

step 9 入模保溫。

step 10 等待兩天後脫模。

配方解碼

　　便宜又好用的小黃瓜，綠色皮可千萬別丟棄，外皮具有豐富的綠原酸和咖啡酸，有消炎抗菌的功效。坊間推崇小黃瓜的美容效果，最主要有：潤膚、防曬、活血、抗氧化、清潔肌膚等功效。連同外皮攪爛入皂，脫模顏色會有綠色小點點，成皂可愛美觀。以小黃瓜汁為基底後，選擇的精油也偏向抗菌、消炎、修復小傷口為主。白茯苓藥性溫、低過敏，且具有去除黑色素、祛痘、滋潤美白肌膚

◀白茯苓粉

等功能，不但可以薄薄濕敷在臉部或肌膚上，可酌量添加於手工皂上。也可嘗試適量搭配蜂蜜、小黃瓜或牛奶製皂！

　　天然的小黃瓜汁配上白茯苓粉，熟成後顏色會逐漸褪成淺淺綠色，若小黃瓜汁濃度不高，顏色會更淡。添加的小黃瓜泥形成的小綠點，也會逐漸褪色喔！本配方主要針對一般肌膚的夏日清潔，及油性肌膚使用。從參考表格得知這塊皂的五力性質都算高，但卻不會因為清潔度高而造成保濕力低的問題，搭配技巧在於除了抓好椰子油與硬油的比例外，其他單品油脂也要挑選恰當。

性質表

香皂的性質	數值(依照性質改變)	建議範圍(不變)
Hardness 硬度	43	29-54
Cleansing 清潔力	19	12-22
Condition 保濕力	52	44-69
Bubbly 起泡度	19	14-46
Creamy 穩定度	24	16-48
Iodine 碘價	66	41-70
INS	144	136-165

◎孟孟老師小叮嚀

若想製作夏日洗顏皂可以將椰子油降低7％，用葡萄籽油補足，不但清爽又具清潔力，適合油性肌膚，且肌膚可以同時得到保濕度！

清涼蘆薈皂

Aloe Soap

夏日清涼蘆薈好物，深受眾人喜愛，
是絕對不能錯過的皂款。

配方比例

		油量(g)	百分比(%)
使用油脂	椰子油	150	30
	棕櫚油	75	15
	橄欖油	175	35
	芥花油	50	10
	黃金荷荷芭油	25	5
	蓖麻油	25	5
合　計		500	100
鹼水	氫氧化鈉	74	
	蘆薈泥	178	
精油	花梨木精油	4	
	山雞椒精油	4	
	薰衣草精油	4	
後加	葡萄籽萃取液	1	
皂液入模總重		766	

步驟

step 1　準備好所有材料與精油，量好油脂、氫氧化鈉。

step 2　將蘆薈打成泥狀，過篩後，確實秤量178g備用。

step 3　使用冰蘆薈汁製作鹼水。

step 4　等待鹼水降溫至35度C以下，慢慢將鹼水分次倒入量好的油脂中，開始攪拌約二十分鐘，直到皂液呈light trace狀。

step 5　皂液濃度比light trace再濃一點時，加入精油，繼續攪拌均勻。

step 6　感覺皂液攪拌時多了一些阻力時，將以上添加物與皂液混合。

step 7　添加物與皂液混合攪拌均勻後，再加入葡萄籽萃取液10滴。

step 8　繼續攪拌至trace。

step 9　入模保溫。

step 10　等待兩天後脫模。

性 質 表

香皂的性質	數值（依照性質改變）	建議範圍（不變）
Hardness 硬度	39	29-54
Cleansing 清潔力	20	12-22
Condition 保濕力	52	44-69
Bubbly 起泡度	25	14-46
Creamy 穩定度	25	16-48
Iodine 碘價	61	41-70
INS	147	136-165

配方解碼

蘆薈具有抗菌、保護、促進傷口癒合、提高免疫力與外用治濕癬等功能，是一種在家庭院子、陽台都容易栽種的植物。早在公元前十四世紀，埃及皇后已使用蘆薈進行美容，近年來更因為科技的發達，許多國家對蘆薈進行研發，而應用於食品與化妝用品中。

蘆薈入皂有兩種方法，一是蘆薈泥直接代替水分，二是皂液light trace時，使用後加方法加入皂液。我喜歡用全蘆薈汁製作，不但增加添加物的樂趣，也能進一步觀察、了解全蘆薈汁融鹼時所產生的變化。

本配方的清潔力與保濕力都很不錯，橄欖油35%所產生的保濕力占了大部分，蓖麻油雖然對起泡度有較大的影響，但對保濕度也有某程度上的貢獻。

配方應用

油脂搭配中的黃金荷荷芭油單價較高，如果手邊沒有荷荷芭油，可以使用乳油木果脂代替，性質不會相差太多，也能稍微提高硬度。

雖然兩者油脂互換，性質相差不多，但在皂體特色上會有些許變化，例如：換成乳油木果脂後，能有效提高肌膚所需的修護與保濕功效，補足原本配方中修護度的不足。但若針對夏天油性肌膚者使用，乳油木果脂控制在5%左右較恰當，避免過度滋潤而長痘痘！

使用油脂	百分比(%)
椰子油	29
棕櫚油	15
橄欖油	35
山茶花油	10
乳油木果油	5
蓖麻油	6

香皂的性質	數值(依照性質改變)	建議範圍(不變)
Hardness 硬度	41	29-54
Cleansing 清潔力	20	12-22
Condition 保濕力	54	44-69
Bubbly 起泡度	25	14-46
Creamy 穩定度	27	16-48
Iodine 碘價	60	41-70
INS	152	136-165

No. 16
The Handmade Soap

薰衣草珠光

Lavender Pearl Soap

皂用色粉依照用量多寡，可以呈現不同深淺的顏色，
少量的紫色加上薰衣草精油，浪漫的紫色氛圍就圍繞在身邊。

配方比例

		油量(g)	百分比(%)
使用油脂	椰子油	250	25
	棕櫚油	200	20
	橄欖油	270	27
	芥花油	100	10
	澳洲胡桃油	130	13
	蓖麻油	50	5
合 計		1000	100
鹼水	氫氧化鈉	150	
	水量	360	
精油	薰衣草精油	8	
	檸檬精油	8	
	花梨木精油	4	
添加物	紫色色粉	1	
	白色珠光粉	2	
皂液入模總重		1533	

步 驟

step 1 　依照冷製皂的製作步驟與過程，將皂液操作到接近light trace。

step 2 　當皂液呈light trace時，加入精油，繼續攪拌均勻。

step 3 　開始分鍋，在兩個量杯中，分別倒入皂液300g。

step 4 　調色：一杯皂液加入紫色色粉，一杯皂液加入白珠光粉。

step 5 　持續將大鍋與量杯中的皂液攪拌至將近trace。

step 6 　將大鍋（原皂液）倒入皂模中。

step 7 　從皂模中間開始，分別倒入紫色、白色、紫色、白色各150g。

step 8 　以筷子／玻璃棒插入皂液，輕碰到皂模底部，從兩側連續將皂液來回
　　　　　左右畫開。

step 9 　完成後，入模保溫，等待兩天後脫模。

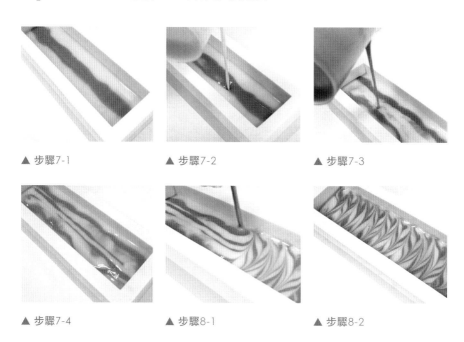

▲ 步驟7-1　　　　　　　▲ 步驟7-2　　　　　　　▲ 步驟7-3

▲ 步驟7-4　　　　　　　▲ 步驟8-1　　　　　　　▲ 步驟8-2

技法說明

　　這技法適用於深度六公分以上的吐司模，重複在中間做重疊顏色的技法，以
左右渲染畫法為主，小量杯中的顏色每趟只能倒約150g皂液入模。

配方解碼

　　單純以保濕度來説，芥花油的保濕度不會輸給榛果油，兩者的百分比占總
油量的23%，在性質表中擁有相當不錯的保濕力。配方中添加5%的蓖麻油，會
讓攪拌的時間縮短，是一款會微微加速trace的油脂，若只有一個人對付多個量

杯，怕錯失最佳渲染時間點，建議可以用小麥胚芽油或橄欖油取代蓖麻油，因為trace速度變慢，才能有更多時間觀察皂液的濃稠度。在性質的部分，不會因此差別太多，讀者們可以利用手邊的油品試試看喔！

性 質 表

香皂的性質	數值（依照性質改變）	建議範圍（不變）
Hardness 硬度	36	29-54
Cleansing 清潔力	17	12-22
Condition 保濕力	59	44-69
Bubbly 起泡度	21	14-46
Creamy 穩定度	24	16-48
Iodine 碘價	64	41-70
INS	144	136-165

配方應用

以橄欖油增加5%為例。

使用油脂	椰子油	棕櫚油	橄欖油	芥花油	榛果油
百分比(%)	25	20	32	10	13

香皂的性質	數值（依照性質改變）	建議範圍（不變）
Hardness 硬度	37	29-54
Cleansing 清潔力	17	12-22
Condition 保濕力	59	44-69
Bubbly 起泡度	17	14-46
Creamy 穩定度	20	16-48
Iodine 碘價	64	41-70
INS	145	136-165

米糠家事護手皂

Rice Bran Oil Soap

來自傳統米店的米糠,是最天然、最環保、最樸實的便宜好物。

配方比例

		油量(g)	百分比(%)
使用油脂	椰子油	400	80
	棕櫚油	50	10
	葵花油	50	10
合　　計		500	100
鹼水	氫氧化鈉	90	
	水量(NaOh*2.2)	200	
精油	檸檬尤加利精油	12	
添加物	米糠粉	5	
皂液入模總重		807	

步　　驟

step 1　準備好所有材料與精油，量好油脂、氫氧化鈉。

step 2　將米糠粉量好3g備用。

step 3　使用純水冰塊或冰純水製作鹼水。

step 4　等待鹼水降溫至35度 C 以下，慢慢將鹼水分次倒入量好的油脂中，開始攪拌約二十分鐘，直到皂液呈light trace狀。

step 5　皂液濃度比light trace再濃一點時，加入精油，繼續攪拌均勻。

step 6　將皂模傾斜放置好，倒出300g皂液，添加米糠粉攪拌均勻，再倒入模中鋪底。

step 7　剩餘皂液繼續攪拌至trace後，隨意倒入皂模中，製作出不規則曲線分層效果。

step 8　入模保溫。

step 9　等待兩天後脫模。

配方解碼

　　80%的椰子油搭配葵花油，是我喜歡的比例與油品配方。椰子油清潔力好，葵花油保濕度好，小比例添加可以稍微平衡皂中的性質。

　　添加物米糠粉是米店製作食用米前的外殼混合物，不能食用，是能清潔油膩碗盤的家庭好物，少量添加於沐浴皂中，不僅能去除老廢角質，也能達到清潔效果喔！

　　家事皂並非使用在身體上面，因椰子油比例很高，相對清潔度、硬度高，反觀保濕力不佳。適當地添加手邊容易取得的廚房油品，例如葡萄籽油、橄欖油、葵花油等等，都能稍微提高保濕度，做額外護手的油品配方喔！

性 質 表

香皂的性質	數值(依照性質改變)	建議範圍(不變)
Hardness 硬度	69	29-54
Cleansing 清潔力	54	12-22
Condition 保濕力	22	44-69
Bubbly 起泡度	54	14-46
Creamy 穩定度	16	16-48
Iodine 碘價	27	41-70
INS	227	136-165

繽紛橘油家事清潔皂
Orange Clear Soap

幫單色系的家事皂穿上迷彩的新衣。

配方比例

		油量(g)	百分比(%)
使用油脂	椰子油	375	75
	棕櫚油	50	10
	葡萄籽油	75	15
	合　　計	500	100
鹼水	氫氧化鈉	88	
	水量(NaOh*2.2)	195	
添加物	橘油	15	
	皂邊	150	
皂液入模總重		938	

步　驟

step 1 　準備好所有材料，量好油脂、氫氧化鈉。

step 2 　將150g皂邊切碎，秤量好備用。

step 3 　使用純水冰塊或冰純水製作鹼水。

step 4 　等待鹼水降溫至35度C以下，慢慢將鹼水分次倒入量好的油脂中，開始攪拌約二十分鐘，直到皂液呈light trace狀。

step 5 　把皂邊放入皂液中混合攪拌均勻。

step 6 　皂液濃度比light trace再濃一點時，加入橘油，繼續攪拌均勻。

step 7 　攪拌至trace後入模。

step 8 　保溫兩天後脫模。

配方解碼

橘油是來自柑橘類果皮上面「油」的成分，味道芬芳、去污力強，是有機溶劑的一種，也是天然的去污劑，不會造成環境負擔，又能大大提高清潔效果，添加在手工皂中，還可以額外提高清潔度，享受淡淡的橘香味。大量使用具有腐蝕性，還是需要小心。若手邊沒有橘油原料，可以蒐集五、六顆的橘子皮，水煮後濾出水來融鹼。同樣是家事皂，但這款皂跟「米糠家事護手皂」相較，油品比例卻不同，原因在於添加物的不同。米糠粉雖可以清潔油膩物，但是它的清潔度比橘油低，在調整配方時，須考量添加物的特性，這也是橘油家事皂的椰子油比例低，米糠家事皂椰子油比例偏高的原因。

一大條手工皂，難免會有一、兩塊撞傷，或邊邊冒出小油斑。最方便的處理方式就是直接讓它回到皂條中。

利用不同顏色的皂邊，就能為單一顏色的家事皂增添繽紛的衣裳。將皂刨成絲，或是用水果刀盡量切成小塊狀，為了讓家事皂還是具有較大的清潔功能，皂邊刨絲的使用量需低於總重的三分之一。此外，皂絲已經是固體皂，不會再皂化，保溫時溫度也不會上升，製皂時要控制皂絲的重量。

性 質 表

香皂的性質	數值(依照性質改變)	建議範圍(不變)
Hardness 硬度	66	29-54
Cleansing 清潔力	50	12-22
Condition 保濕力	26	44-69
Bubbly 起泡度	50	14-46
Creamy 穩定度	16	16-48
Iodine 碘價	32	41-70
INS	218	136-165

爸比適用皂款

辛苦的爸比外出工作回家，來一塊屬於爹地的皂吧！

男性膚質除了汗腺發達，頭髮出油量多之外，也需要不同的保養喔！

配方中首重清潔與舒緩。

此篇應用了許多家庭園藝中的香草特性，

達到男性肌膚或是偏油性肌膚的需求。

咖啡角質沐浴皂

Coffee Exfoliating Soap

咖啡渣與甜杏仁油迸出奇妙的火花。

配方比例

		油量(g)	百分比(%)
使用油脂	椰子油	150	30
	棕櫚油	100	20
	橄欖油	125	25
	蓖麻油	25	5
	甜杏仁油	50	10
	乳油木果脂	50	10
	合　計	500	100
鹼水	氫氧化鈉	76	
	水量	182	
精油	茶樹精油	6	
	花梨木精油	6	
添加物	乾燥的咖啡渣	3	
皂液入模總重		773	

步驟

step 1　準備好所有材料，量好油脂、氫氧化鈉。

step 2　將咖啡渣量好3g備用。

step 3　使用純水冰塊或冰純水製作鹼水。

step 4　等待鹼水降溫至35度C以下，慢慢將鹼水分次倒入量好的油脂中，開始攪拌約二十分鐘，直到皂液呈light trace狀。

step 5　當皂液比light trace再濃一點時，加入精油，繼續攪拌均勻。

step 6　感覺皂液攪拌時多了一些阻力時，將咖啡渣倒入。

step 7　繼續攪拌至trace。

step 8　入模保溫，等待兩天後脫模。

配方解碼

　　此配方從攪拌到入模，過程不會太久，務必將所有材料都先準備好，避免慌亂。咖啡渣使用前一定要先曬乾，不然容易發霉，影響成皂品質。乾燥方法有：日曬晾乾，平鋪於盤子上放入微波爐、烤爐中烘烤五分鐘，或是平底鍋加熱乾炒後放涼。咖啡渣具有磨砂感，有緊實皮膚的效果，甜杏仁油的滲透力佳，對於肌膚的保濕力有相當的效果，適合乾性與敏感性肌膚。兩相搭配，除了能去除老舊角質之外，還能保濕滋潤，兩者相得益彰。

性質表

香皂的性質	數值（依照性質改變）	建議範圍（不變）
Hardness 硬度	43	29-54
Cleansing 清潔力	20	12-22
Condition 保濕力	53	44-69
Bubbly 起泡度	25	14-46
Creamy 穩定度	27	16-48
Iodine 碘價	55	41-70
INS	159	136-165

配方應用

　　由於本配方以添加物咖啡渣為主，因此在保濕力與油脂的修復特性上，需稍加留意，不需要再刻意調整清潔度高的油脂了。蓖麻油是軟油油脂配方中，少見能夠同時提高起泡度與保濕度的特殊油品，適當地添加對於保濕度與起泡度非常好。如果搭配的油脂性質中，一直無法將單一保濕度提高，可參考添加少許比例的蓖麻油，但是比例過高則容易讓手工皂洗感黏稠，可以依照自己的喜好，以5～10%的蓖麻油來調整配方。

彩虹分層皂
Rainbow Soap

皂用粉類用量不多，但一次就是30～50g入荷，
不如把顏色相近的粉類集合起來，來款繽紛華麗的彩虹皂。

配方比例

		油量(g)	百分比(%)
使用油脂	椰子油	280	28
	棕櫚油	130	13
	芥花油	350	35
	葡萄籽油	100	10
	可可脂	40	4
	乳油木果脂	100	10
合　　計		1000	100
鹼水	氫氧化鈉	149	
	水量	358	
精油	薰衣草精油	10	
	加速皂化香精或精油 每層1g	7	
添加物	蛋黃油每層9滴， 七層共63滴	3.5	
	每層顏色粉類各約0.3g	2.1	
皂液入模總重		1536	

步　驟

step 1　準備七個量杯。

step 2　依照冷製皂的製作步驟與過程，將皂液操作到接近light trace。

step 3　當皂液呈light trace時，加入薰衣草精油，攪拌均勻。

step 4　每次倒出217g皂液，添加一種顏色。

- 計算方式：

  （油量1000g＋水量380g＋氫氧化鈉141g）／ 7種顏色＝每層217g

step 5 由原鍋倒出第一鍋217g於量杯裡,先用紅色調色,攪拌均勻後,加入9滴蛋黃油、1g加速皂化香精或精油,攪拌均勻入第一層。

step 6 繼續攪拌原鍋,觀察入模的第一層皂液表面是否完全乾硬。

step 7 確定第一層皂液乾硬後,即可倒出第二鍋217g皂液。用橙色調色,並攪拌均勻後,加入9滴蛋黃油、1g加速皂化香精或精油,攪拌均勻後倒入第二層。

step 8 觀察前一層皂液表面是否完全乾硬。

◀ 步驟4

▲ 步驟5

▲ 步驟7

▲ 步驟9

步驟7在每一杯皂液要鋪上去之前,都要用大刮刀盛住皂液,避免一次衝破鋪平的表層。

step 9　確定表層乾硬後，繼續重複5～7的步驟，直到將所有顏色入模。

step 10　全部入模後，盡快將皂條入保溫箱。

step 11　等待兩天後脫模。

技法說明

　　皂液分鍋後，加9滴的蛋黃油與1g加速皂化的精油或香精，其重點是：加速trace。每一層皂液的蛋黃油、精油或香精必須在入模前添加，千萬不要先添加，以免全部trace，造成難入模與攪拌不均勻。

配方解碼

　　蛋黃油含豐富卵磷脂和高密度脂蛋白（優質膽固醇），能修護與滋潤肌膚，也可用於一般小面積燒燙傷等皮膚外傷、改善粗糙的肌膚、富貴手等。由性質表中得知，這塊皂的保濕度高，但硬度尚可。整鍋皂液中都添加了不等量的色粉，皂液中添加色粉的好處是能稍微加強硬度，缺點是保濕度不佳。因此我會在添加色粉的配方中，特別加強保濕度，以平衡皂的性質。

性質表

香皂的性質	數值(依照性質改變)	建議範圍(不變)
Hardness 硬度	39	29-54
Cleansing 清潔力	19	12-22
Condition 保濕力	57	44-69
Bubbly 起泡度	19	14-46
Creamy 穩定度	20	16-48
Iodine 碘價	69	41-70
INS	135	136-165

苦楝茶樹薄荷皂

China Tree Soap

當苦楝油的味道逐漸散去，
就是享受沐浴的時候了。

配方比例

		油量(g)	百分比(%)
使用油脂	椰子油	150	30
	棕櫚油	75	15
	苦楝油	165	33
	未精製酪梨油	75	15
	蓖麻油	35	7
	合　　計	500	100
鹼水	氫氧化鈉	76	
	水量	182	
精油	茶樹精油	3	
	檸檬香茅精油	3	
	廣藿香精油	3	
	苦橙葉精油	3	
添加物	薏仁茯苓面膜粉	10	
	薄荷腦	8	
皂液入模總重		788	

步驟

step 1　將薄荷腦磨細，量好備用。

step 2　準備好所有材料，量好油脂、氫氧化鈉。

step 3　使用純水冰塊或冰純水製作鹼水。

step 4　等待鹼水降溫至35度C以下，慢慢將鹼水分次倒入量好的油脂中，開始攪拌約二十分鐘，直到皂液呈light trace狀。

▲ 步驟1

step 5　當皂液比light trace再濃一點時，加入精油，繼續攪拌均勻。

step 6　將薏仁茯苓面膜粉15g、薄荷腦10g分次少量逐漸放入皂液中。

step 7　繼續攪拌至trace。入模保溫，等待兩天後脫模。

配方解碼

　　苦楝油主要可因應皮膚問題，其內含印楝素成分，在印度草藥中已被廣泛使用於抗菌、防病毒與預防感染能與精油配合，對於傷口、黴菌都具效果。製作這款手工皂所需時間不長，trace很快，需把所有添加物與精油都準備好，避免慌亂。本配方主要針對油性肌膚，椰子油占總油量的比例偏高，因此最直接顯現出來的數值就是清潔度與起泡度，相對的INS值也高。性質中比較特殊的是泡泡的穩定度達31，主要因素在於高比例的苦楝油，穩定性也高，再搭配蓖麻油的起泡度與穩定度，更有加分的效果。

性 質 表

香皂的性質	數值（依照性質改變）	建議範圍（不變）
Hardness 硬度	45	29-54
Cleansing 清潔力	20	12-22
Condition 保濕力	49	44-69
Bubbly 起泡度	27	14-46
Creamy 穩定度	31	16-48
Iodine 碘價	59	41-70
INS	162	136-165

薏仁茯苓面膜粉與薄荷腦皆可，在手工皂材料店或中藥店購得。

消除疲勞快樂宣言

Camellia Soap

香草透過蒸氣，可讓人體可達到放鬆效果，
草本精油的小精靈也躲在皂中，趁沐浴洗滌一天的疲憊。

配方比例

		油量(g)	百分比(%)
使用油脂	椰子油	150	30
	棕櫚油	100	20
	橄欖油	150	30
	山茶花油	75	15
	蓖麻油	25	5
合　　計		500	100
鹼水	氫氧化鈉	76	
	香草汁	182	
精油	廣藿香精油	2	
	苦橙葉精油	3	
	薰衣草精油	3	
	檸檬香茅精油	2	
	薄荷精油	2	
皂液入模總重		770	

步　驟

step 1　取檸檬香茅、薄荷、香蜂草三種香草各50g，加入1000cc水中煮沸，關小火繼續煮約十分鐘。

step 2　香草過濾後，香草汁冷藏或製成香草冰塊備用。

step 3   準備好所有材料，量好油脂、氫氧化鈉。

step 4   秤量好香草汁182g，代替水量融鹼。

step 5   等待鹼水降溫至35度C以下，慢慢將鹼水分次倒入量好的油脂中，開始攪拌約二十分鐘，直到皂液呈light trace狀。

step 6   當皂液比light trace再濃一點時，加入精油，繼續攪拌均勻至trace。

step 7   入模保溫。

step 8   等待兩天後脫模。

配方解碼

　　我特意挑選山茶花油，是因為山茶花油不但可改善粗糙的膚質，對於頭髮也有滋養、保護的效果，是個人非常推薦的一款油品喔！觀察配方性質可以發現，該皂的清潔度、保濕度、起泡度不錯，適合沐浴與洗髮。

香草添加物解碼

✤ 檸檬香茅

　　檸檬香茅是具有高經濟價值的香草作物，它可使頭腦清新、美膚、利尿、殺菌、促進血液循環，提煉精油的出油量很高。

栽種方法　在家庭園藝中可以取較大型的盆栽容器種植，豐富的日照與水分就可以讓檸檬香茅長得很漂亮喔！

✤ 香蜂草

　　香蜂草的外表與薄荷相似，簡單的辨識方法是取一片葉子搓揉後，有濃郁檸檬氣味的則是香蜂草。

在相關香草類中，以香蜂草的鎮靜效果最溫和，同時殺菌效果也很強，其精油具安神、增進腦力、解除憂慮、皮膚殺菌等功效，個人喜愛以新鮮草葉入皂，不僅手工皂顏色樸實美觀，亦能應用周邊材料增添生活作皂樂趣。

栽種方法 以扦插方式培育，發芽速度快速，但避免夏日高溫造成葉片發黑。不耐乾燥，水分與養分需求偏多。

性 質 表

香皂的性質	數值(依照性質改變)	建議範圍(不變)
Hardness 硬度	40	29-54
Cleansing 清潔力	20	12-22
Condition 保濕力	55	44-69
Bubbly 起泡度	25	14-46
Creamy 穩定度	25	16-48
Iodine 碘價	56	41-70
INS	159	136-165

No. 23
The Handmade Soap

醒腦薄荷活力皂

Mint Soap

紓壓解放一天的疲憊，滲透到腦內的天然草本香氣，
完全放鬆舒活的沐浴時光。

爸比適用皂款

配方比例

		油量(g)	百分比(%)
使用油脂	椰子油	150	30
	棕櫚油	85	17
	榛果油	115	23
	米糠油	100	20
	葵花油	50	10
	合　　計	500	100
鹼水	氫氧化鈉	78	
	香草汁	187	
精油	薄荷精油	4	
	薄荷尤加利精油	4	
	廣藿香精油	4	
添加物	薄荷腦	8	
皂液入模總重		785	

步　驟

step 1　取迷迭香、薄荷葉、乾燥玫瑰三種香草各50g，加入1000cc水中煮沸，關小火繼續煮約十分鐘。

step 2　香草過濾後，將香草汁冷藏或製成香草冰塊備用。

step 3　將薄荷腦磨細，並備好所有材料，量好油脂、氫氧化鈉。

step 4　秤量好香草汁，代替水量融鹼。

step 5　等待鹼水降溫至35度C以下，慢慢將鹼水分次倒入量好的油脂中，開始攪拌約二十分鐘，直到皂液呈light trace狀。

step 6　當皂液比light trace再濃一點時，加入精油與薄荷腦，攪拌均勻至trace。接著入模保溫，並等待兩天後脫模。

配方中添加了市售食用葵花油,與皂用油品不同的是須留心內含許多不皂化物(如:維他命A、防腐劑等,不能被氫氧化鈉反應成皂的物質),會影響成皂後的品質以及晾皂過程,也因此較容易產生油斑而酸敗,可以利用充分攪拌與良好的晾皂環境,減少油斑與酸敗發生的機率。

香草添加物解碼

✤ 迷迭香

迷迭香具高度經濟價值,在歐美與先進國家中頗受重視。功效有促進血液循環、抗菌、抗黴、殺菌、消除緊張、放鬆與治療憂鬱,外用則可治療皮膚問題。

栽種方法 以頂芽扦插較佳,半日照,但夏季太熱也要留意。土壤看似有點乾時再澆水,過多的水分反而會加速迷迭香死亡。

✤ 薄荷

薄荷品種很多,可以提神醒腦、清熱解毒,是家庭園藝中最常見、應用最多、最好植栽的香草植物。

栽種方法 扦插法,只要水分足夠,其存活力很強。薄荷葉的清香很容易引來小蟲,可用作皂用的苦楝油加水微量噴灑,即能有效防制蟲害。

性 質 表

香皂的性質	數值（依照性質改變）	建議範圍（不變）
Hardness 硬度	40	29-54
Cleansing 清潔力	20	12-22
Condition 保濕力	53	44-69
Bubbly 起泡度	20	14-46
Creamy 穩定度	20	16-48
Iodine 碘價	70	41-70
INS	144	136-165

配方應用

若不想要添加市售的葵花油，可以考慮
用小麥胚芽油代替，差別在於油品單價價格不
同，但是性質差異幾乎只差一個數值，沒有特
殊改變的數值。

使用油脂	百分比(%)
椰子油	30
棕櫚油	17
榛果油	23
米糠油	20
小麥胚芽油	10

性 質 表

香皂的性質	數值（依照性質改變）	建議範圍（不變）
Hardness 硬度	41	29-54
Cleansing 清潔力	20	12-22
Condition 保濕力	52	44-69
Bubbly 起泡度	20	14-46
Creamy 穩定度	21	16-48
Iodine 碘價	69	41-70
INS	143	136-165

啤酒酵母皂

Brewers Yeast Soap

先體驗一下活酵母啤酒在口腔裡多麼不安分地竄逃，
現在我把它們關在妳的手工皂裡嘍！

爸比適用皂款

配方比例

		油量(g)	百分比(%)
使用油脂	椰子油	140	28
	硬棕櫚油	50	10
	橄欖油	175	35
	小麥胚芽油	50	10
	芒果脂	85	17
合 計		500	100
鹼水	氫氧化鈉	75	
	水量	90	
	新鮮啤酒酵母	90	
精油	廣藿香精油	4	
	山雞椒精油	4	
	羅勒精油	4	
皂液入模總重		767	

步 驟

step 1　先將啤酒酵母放入冰箱冷藏,並備好所有材料,量好油脂、氫氧化鈉。

step 2　使用純水冰塊或冰純水製作鹼水。

step 3　等待鹼水降溫至35度 C 以下,慢慢將啤酒酵母90g分次倒入鹼水中。

step 4　再次等待溫度降低後,慢慢將鹼水分次倒入量好的油脂中,開始攪拌約二十分鐘,直到皂液呈light trace狀。

▲ 啤酒酵母製作鹼水的顏色

step 5 皂液濃度比light trace再濃一點時，加入精油，繼續攪拌均勻。

step 6 感覺皂液攪拌多了一些阻力時，繼續攪拌均勻至trace。

step 7 入模保溫，等待兩天後脫模。

配方解碼

此配方的啤酒酵母取自於國內手工釀造啤酒裝瓶前的活酵母。目前國內手工釀製啤酒逐漸盛行，已成為一種特殊的手作飲品，但這種啤酒酵母的取得仍需多留意。啤酒酵母的主要來源是啤酒發酵過程所產生的沉澱物。酵母取出時是活躍的，若沒有接觸空氣、搖晃與糖分，它會繼續沉澱，猶如熟睡。

性質表

香皂的性質	數值（依照性質改變）	建議範圍（不變）
Hardness 硬度	37	29-54
Cleansing 清潔力	19	12-22
Condition 保濕力	55	44-69
Bubbly 起泡度	19	14-46
Creamy 穩定度	18	16-48
Iodine 碘價	57	41-70
INS	156	136-165

配方應用

若讀者沒有硬棕櫚油，可以選擇用一般精製棕櫚油代替，皂化價不變。若手邊沒有芒果脂，可以使用可可脂17%代替，性質會因為更改配方而改變，改變最

多的是硬度與保濕力。以同比例可可脂代替
芒果脂，會讓硬度提高到45，保濕力降低到
50，原則上都還在建議範圍內，雖然芒果脂是
固體油脂，但對於硬度的幫助不大，反而有助
於保濕力提升。

使用油脂	百分比(%)
椰子油	28
棕櫚油	10
橄欖油	35
小麥胚芽油	10
可可脂	17

性 質 表

香皂的性質	數值(依照性質改變)	建議範圍(不變)
Hardness 硬度	45	29-54
Cleansing 清潔力	19	12-22
Condition 保濕力	50	44-69
Bubbly 起泡度	19	14-46
Creamy 穩定度	26	16-48
Iodine 碘價	57	41-70
INS	156	136-165

Tips

啤酒製作與一般水果酒釀是
完全不同的原理與過程，手
工啤酒的口味變化多，層次
感豐富。啤酒是由大麥、小
麥、啤酒花、黑麥等不同比
例的配方製作而成，配方中
使用的啤酒酵母是在特定的
溫度控制下醣化→過濾→冷
卻→發酵→裝瓶後，剩下沉
底的酵母。

▲ 咖啡色底層就是沉澱後的
啤酒酵母
◀ 發酵時的啤酒

未　成　年　請　勿　飲　酒

No. 25
The Handmade Soap

碧海藍天皂

Blue Ocean Soap

利用深淺顏色交互搭配與疊層，
就這麼把天空疊在手心上。

配方比例

		油量(g)	百分比(%)
使用油脂	椰子油	200	25
	硬棕櫚油	120	15
	橄欖油	280	35
	精製酪梨油	176	22
	蜜蠟	24	3
合計		800	100
鹼水	氫氧化鈉	117	
	水量	280	
精油	廣藿香精油	5	
	苦橙葉精油	5	
	薄荷精油	6	
添加物	白珠光粉	1.5	
	藍色色粉	1	
	藍青黛色粉	1	
皂液入模總重		1216	

步驟

step 1 　依照冷製皂的製作步驟與過程,將皂液操作到接近light trace。

step 2 　當皂液呈light trace時加入精油,繼續攪拌均勻。

step 3 　繼續攪拌到trace。

step 4 　分鍋,倒出皂液各200g於量杯中,開始調色,並攪拌均勻。

step 5 　先倒入原色皂液鋪底。

step 6 　再依序分別沖入藍色、白色與深藍色皂液。

step 7 　接著將原色皂液鋪上後，中間用小刮刀或長柄湯匙輕輕畫出溝槽。

step 8 　重複步驟6～7，直到倒完皂液。

step 9 　入模保溫。

step 10 　等待兩天後脫模。

▲ 步驟6-1

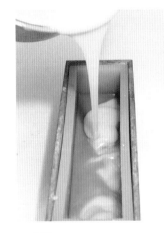

▲ 步驟6-2

▲ 步驟6-3

▲ 步驟7

▲ 步驟8

爸比適用皂款

技法說明

　　模具建議使用吐司模，深度夠，比較好操作。皂液的濃度要控制在明顯trace時入模，若變成over trace入模，皂液會呈現一坨一坨的，線條不夠俐落、不夠自然。若皂液濃度太稀、流動性好，就無法倒出有圓弧的造型了。

　　原鍋的原色皂液要不時攪拌，保持皂液的流動性，減少入模時產生氣泡，形成空洞。

性 質 表

香皂的性質	數值（依照性質改變）	建議範圍（不變）
Hardness 硬度	38	29-54
Cleansing 清潔力	17	12-22
Condition 保濕力	54	44-69
Bubbly 起泡度	17	14-46
Creamy 穩定度	121	16-48
Iodine 碘價	59	41-70
INS	147	136-165

小朋友和長輩適用皂款

小朋友和長輩適用的皂款,性質偏向保濕與抗菌。

小朋友活動力強,加上抵抗力與膚質偏弱,最怕將外在環境的細菌帶上身。

長輩的皮膚已不如年輕細胞活躍,膚質變得脆弱,保水度降低,

尤其四肢容易偏乾,水分留失快速。

配方中,建議使用滋潤度與保濕度較高的油脂,且要注意清潔度不要偏高。

艾草平安皂

Artemisias Soap

每逢端午節和暑假，
是許多學員們家中不會斷糧的配方。

配方比例

		油量(g)	百分比(%)
使用油脂	椰子油	100	20
	棕櫚油	75	15
	橄欖油	165	33
	可可脂	75	15
	榛果油	50	10
	蓖麻油	35	7
合　　計		500	100
鹼水	氫氧化鈉	73	
	水量	175	
精油	羅勒精油	4	
	薰衣草精油	4	
	茶樹精油	4	
添加物	艾草粉	1	
	平安粉	1	
皂液入模總重		762	

步　驟

step 1　準備好所有材料，量好油脂、氫氧化鈉。

step 2　將1g艾草粉與1g平安粉量好備用。

step 3　使用純水冰塊或冰純水製作鹼水。

step 4　等待鹼水降溫至35度C以下，慢慢將鹼水分次倒入量好的油脂中，開始攪拌約二十分鐘，直到皂液呈light trace狀。

step 5　皂液濃度比light trace再濃一點，加入精油，繼續攪拌均勻。

step 6　將1g艾草粉與1g平安粉分次少量逐漸放入皂液，繼續攪拌至trace。

step 7　入模保溫，等待兩天後脫模。

配方解碼

　　艾草平安皂是全家大小都適合的皂款，一方面長輩和小孩使用上需擁有良好保濕力，一方面也要顧慮到青壯年齡層容易流汗，及油性肌膚使用者的清潔力。原則上粉類添加的量，為500g油量添加1g的粉類。添加過程中，可先些許少量添加，觀察皂液顏色濃度變深時，即勿再繼續添加。因為粉類濃度若過高，容易出現如鬆糕狀的龜裂。適當添加粉類有助降低油斑產生，亦能延長保存期限喔！

　　艾草粉有兩種顏色，低溫艾草粉為綠色，另一種則是淺咖啡色。我喜歡使用綠色低溫艾草粉，不僅可以做分層也能做渲染。除了添加艾草粉或平安粉，還可以採集檸檬草、香茅，或端午節應景植物，如菖蒲、艾草、榕枝等。滾水煮開再小火熬煮十分鐘即可，接著將湯汁冷卻，取其湯汁融鹼後製作端午平安皂。

01 低溫艾草粉　　*02* 平安粉

性質表

香皂的性質	數值(依照性質改變)	建議範圍(不變)
Hardness 硬度	39	29-54
Cleansing 清潔力	14	12-22
Condition 保濕力	57	44-69
Bubbly 起泡度	20	14-46
Creamy 穩定度	32	16-48
Iodine 碘價	59	41-70
INS	148	136-165

溫柔呵護母乳皂

Caring Breast Milk Soap

小寶寶喝不完，剩下的母乳倒掉好可惜喔！
將珍貴的母乳做成實用又滋潤的天然手工皂，對寶寶的愛又多更多喔。

配方比例

		油量(g)	百分比(%)
使用油脂	棕櫚核仁油	125	25
	棕櫚油	90	18
	酪梨油	175	35
	乳油木果脂	75	15
	開心果油	35	7
	合　　　計	500	100
鹼水	氫氧化鈉(減鹼)	70	
	純水冰塊	100	
	母乳冰塊	100	
精油	薰衣草精油	10	
	皂液入模總重	779	

步　　驟

step 1　先將母乳100g製成冰塊。

step 2　準備好所有材料,量好油脂、氫氧化鈉。

step 3　將70g的氫氧化鈉少量慢慢
加入100g的純水冰塊中,製
作鹼水。

step 4　等待鹼水降溫至30度C以
下,再將母乳冰塊慢慢加入
鹼水中,過程中留意溫度盡
量不要上升到40度C。

step 5　檢視母乳確實溶解於鹼水中。

▲ 母乳冰塊融鹼

step 6 慢慢將母乳鹼水分次倒入量好的油脂中,開始攪拌二十五分鐘以上,過程中須檢查溫度不要上升。

step 7 確實攪拌均勻,直到皂液呈light trace狀。

step 8 當皂液比light trace再濃一點時,加入精油,繼續攪拌均勻至trace。

step 9 入模後蓋上蓋子,避免因為空氣溫度溫差,導致表面形成白色皂粉。

step 10 製作母乳皂時,讀者可以自行選擇是否放入保溫箱保溫。

性 質 表

香皂的性質	數值(依照性質改變)	建議範圍(不變)
Hardness 硬度	43	29-54
Cleansing 清潔力	16	12-22
Condition 保濕力	52	44-69
Bubbly 起泡度	16	14-46
Creamy 穩定度	27	16-48
Iodine 碘價	60	41-70
INS	141	136-165

配方解碼

　　這幾年很流行以母乳製作手工皂,洗感溫和不刺激,廣受喜愛。使用半乳半水的方式製作鹼水,不但方便又不失滋潤洗感,且能提高成功率,是很受學員們喜愛的做法。製作過程中,確切把握原則:使用冰純水或純水先溶解氫氧化鈉後,再用母乳冰塊融鹼,兩個階段的融鹼方式都需要低溫融鹼,且要留意油鹼混合後皂液溫度也不要高溫,盡量保持低溫。另一種母乳皂製作方法是採全母乳,母乳全部代替水量製作。若選擇使用全母乳,在製作母乳鹼水時,需要將融鹼

鋼杯隔著冰塊，盡量保持低溫。從步驟3開始，將氫氧化鈉分次且少量慢慢放入200g母乳冰塊中溶解，過程中需要耐心與細心。若一次加入太多氫氧化鈉，會造成鹼水高溫，而破壞母乳中蛋白脂與脂肪等珍貴養分。

　　這款皂的硬度除了棕櫚核仁油與棕櫚油比例的影響外，乳油木果也幫助提升硬度。單純以性質而言，適合兒童與年紀大的長輩，由參考數值表可得知：清潔力低、保濕度好，對於皮膚較脆弱的使用者來說，不會造成負擔。

配方應用

手邊若沒有開心果油，可以使用甜杏仁油／橄欖油／榛果油代替，對於整體配方性質沒有太多改變，如果是大比例的改變，就需要重新檢視配方中的性質了。再提供另一款簡單配方，材料更方便取得，其中滋潤度與硬度稍微不同，讀者們可以參考兩款性質，自行選擇適合的配方喔！

使用油脂	百分比(%)	油量500g
椰子油	25	125
棕櫚油	18	90
橄欖油	35	175
乳油木果脂	15	75
榛果油	7	35

香皂的性質	數值(依照性質改變)	建議範圍(不變)
Hardness 硬度	42	29-54
Cleansing 清潔力	17	12-22
Condition 保濕力	54	44-69
Bubbly 起泡度	17	14-46
Creamy 穩定度	25	16-48
Iodine 碘價	57	41-70
INS	151	136-165

玫瑰修護保濕皂

Rose Bydrating Soap

滿滿的滋潤，浪漫的幸福。

配方比例

		油量(g)	百分比(%)
使用油脂	椰子油	100	20
	棕櫚油	90	18
	橄欖油	135	27
	甜杏仁油	100	20
	榛果油	75	15
合　　計		500	100
鹼水	氫氧化鈉	74	
	水量	178	
精油	玫瑰果油	10	
	小麥胚芽油	10	
	花梨木精油	4	
	薰衣草精油	4	
	玫瑰天竺葵精油	4	
皂液入模總重		784	

步　　驟

step 1　準備好所有材料，量好油脂、氫氧化鈉。

step 2　使用純水冰塊或冰純水製作鹼水。

step 3　等待鹼水降溫至35度C以下，慢慢將鹼水分次倒入量好的油脂中，開始攪拌約二十分鐘，直到皂液呈light trace狀。

step 4　當皂液比light trace再濃一點時，加入精油，繼續攪拌均勻。

step 5　加入玫瑰果油、小麥胚芽油，繼續攪拌均勻至trace。

step 6　入模保溫，等待兩天後脫模。

配方解碼

哇！好滋潤的一塊皂喔！

本配方保濕度最大的功臣是橄欖油，再搭配保濕度極佳的榛果油，不滋潤保濕也難啊！不過本配方硬度只在及格邊緣，因此入模後的脫模、切皂與晾皂，千萬不能操之過急，以免破壞了皂體。

調整配方的過程中，切勿只單純要求其中一項性質，最好將其他性質也考慮進去，避免皂體過軟或是清潔力太高的窘境。這款皂雖然硬度的數值沒有很高，但是清潔力良好，對於中性或中偏乾的肌膚都適合喔！

本配方在油脂的搭配上主要以保濕為主，將同樣具有保濕肌膚功能的花梨木精油與玫瑰天竺葵精油運用在配料之中，超脂也挑選了比較特殊的油品，藉以保留更多養分。

此皂液攪拌時間較長，需要耐心手工攪拌，若要使用電動攪拌棒，建議在純手動攪拌十五至二十分鐘後，再使用電動攪拌棒，因為手動攪拌能讓油鹼混合更完全。

性質表

香皂的性質	數值(依照性質改變)	建議範圍(不變)
Hardness 硬度	32	29-54
Cleansing 清潔力	14	12-22
Condition 保濕力	64	44-69
Bubbly 起泡度	14	14-46
Creamy 穩定度	18	16-48
Iodine 碘價	69	41-70
INS	140	136-165

金盞保濕抗敏皂

Calendula Calming Soap

美麗又高貴的金盞花是少數入皂顏色不變的植物。

配方比例

		油量(g)	百分比(%)
使用油脂	椰子油	100	20
	棕櫚核油	75	15
	鴕鳥油	100	20
	金盞花浸泡橄欖油	115	23
	芥花油	85	17
	月見草油	25	5
合　　計		500	100
鹼水	氫氧化鈉	74	
	金盞花汁液	178	
精油	洋甘菊精油	12	
添加物	金盞花泥	2	
皂液入模總重		778	

步驟

step 1　先取乾燥的金盞花100g，放入兩公斤橄欖油中浸泡一個月以上。

step 2　取金盞花50g，加入1000cc水中煮沸，關小火繼續煮約十分鐘。

step 3　金盞花過濾後，將汁液製成冰塊或冷藏。

step 4　準備好所有材料，量好油脂、氫氧化鈉。

step 5　秤量好金盞花汁液178g，代替水量融鹼。

▲ 步驟1金盞花浸泡橄欖油

step ***6*** 　等待鹼水降溫至35度C以下，慢慢將鹼水分次倒入量好的油脂中，開始攪拌約二十分鐘，直到皂液呈light trace狀。

step ***7*** 　當皂液比light trace再濃一點時，加入精油，繼續攪拌均勻。

step ***8*** 　加入金盞花泥，繼續攪拌均勻至trace。

step ***9*** 　入模保溫，等待兩天後脫模。

▲ 步驟5金盞花汁液融鹼　　　▲ 步驟8金盞花泥入皂

配方解碼

　　昂貴的月見草油是比較特殊的油脂，價格高，但是用量不大，主要使用於製作乳液與精華液。

香草添加物解碼

　　金盞花最令人印象深刻的就是抗過敏與保濕的功效，對於問題肌膚也具有舒緩效果。入皂也不會因為氫氧化鈉皂化的關係而改變顏色，加上金盞花的全方位肌膚適用性高，讓它在手工皂界成為最受喜愛的植物花草添加物之一。更含豐富的礦物質、鐵質與維生素，可使用簡單的花草配方沖泡花草茶，對於貧血也頗有幫助。金盞花汁液溶鹼時，鹼水顏色呈現華麗的金黃色，做出來的皂偏淡淺鵝黃色，感覺舒爽。

性質表

香皂的性質	—	數值(依照性質改變)	—	建議範圍(不變)
Hardness 硬度		36		29-54
Cleansing 清潔力		14		12-22
Condition 保濕力		59		44-69
Bubbly 起泡度		14		14-46
Creamy 穩定度		21		16-48
Iodine 碘價		71		41-70
INS		131		136-165

配方應用

此皂使用起來泡沫雖多，但持續的時間不長，若很介意泡沫的穩定性，建議將鴕鳥油的比例降低5%，並把月見草油改成5%的蓖麻油，這樣會讓保濕度、起泡度與穩定度再提升一些喔！

使用油脂	百分比(%)
椰子油	25
棕櫚油	15
鴕鳥油	15
金盞花浸泡橄欖油	23
甜杏仁油	17
蓖麻油	5

香皂的性質	—	數值(依照性質改變)	—	建議範圍(不變)
Hardness 硬度		36		29-54
Cleansing 清潔力		14		12-22
Condition 保濕力		59		44-69
Bubbly 起泡度		14		14-46
Creamy 穩定度		21		16-48
Iodine 碘價		71		41-70
INS		131		136-165

清新金銀花抗菌皂

Honeysuckle Antibacterial Soap

一圈一圈自然呈現的皂化改變，造成特別的視覺經驗，
是不容錯過的特殊添加物。

配方比例

		油量(g)	百分比(%)
使用油脂	椰子油	125	25
	棕櫚油	110	22
	橄欖油	125	25
	米糠油	65	13
	榛果油	50	10
	蓖麻油	25	5
合　計		500	100
鹼水	氫氧化鈉	74	
	金銀花草汁	178	
精油	廣藿香精油	4	
	茶樹精油	4	
	檸檬香茅精油	4	
皂液入模總重		764	

步　驟

step 1 　先取金銀花100g，加入1000cc
　　　　　水中煮沸，接著關小火繼續煮約
　　　　　十分鐘。

step 2 　香草過濾後，香草汁冷藏或製成
　　　　　香草冰塊備用。

step 3 　準備好所有材料，量好油脂、氫
　　　　　氧化鈉。

step 4 　秤量香草汁178g代替水量融鹼。

▲ 金銀花煮汁

step 5　等待鹼水降溫至35度 C 以下，慢慢將鹼水分次倒入量好的油脂中，開始攪拌約二十分鐘，直到皂液呈light trace狀。

step 6　當皂液比light trace再濃一點時，加入精油，繼續攪拌均勻至trace。

step 7　入模保溫。

step 8　等待兩天後脫模。

配方解碼

　　這款手工皂的保濕度很好，加了10%的榛果油，洗感很滋潤。榛果油是很適合敏感性肌膚的油脂，在配方的搭配上，不需要高比例的榛果油就可以做出保濕度優異的性質。

香草添加物解碼

　　金銀花又名「雙花」、「忍冬花」，是台灣中低海拔及平地常見的作物，有優越的抗炎、解熱、抗病毒、抗菌與增強免疫功能。將根、莖、花放入鍋中煮水時味道重，不好聞。當油鹼混合時，變化出來的顏色呈現清新深綠色，視覺上很漂亮。

栽種方法　可用阡插或是分株繁殖，生長強健、適應力強、耐寒冷、喜陽光。

性 質 表

香皂的性質	數值（依照性質改變）	建議範圍（不變）
Hardness 硬度	37	29-54
Cleansing 清潔力	17	12-22
Condition 保濕力	56	44-69
Bubbly 起泡度	21	14-46
Creamy 穩定度	24	16-48
Iodine 碘價	62	41-70
INS	149	136-165

配 方 應 用

若想要稍加強配方中的清潔度，可適合油性肌膚或夏天使用的配方，建議將椰子油提高5%，把榛果油改成葡萄籽油8%，這樣保濕度不變，硬度與清潔力也會提高，卻又能擁有葡萄籽油清爽與甜杏仁油的保濕特性。

使用油脂	百分比(%)
椰子油	30
棕櫚油	22
橄欖油	25
葡萄籽油	8
甜杏仁油	10
蓖麻油	5

香皂的性質	數值（依照性質改變）	建議範圍（不變）
Hardness 硬度	41	29-54
Cleansing 清潔力	20	12-22
Condition 保濕力	55	44-69
Bubbly 起泡度	25	14-46
Creamy 穩定度	25	16-48
Iodine 碘價	61	41-70
INS	155	136-165

香蕉牛奶滋潤皂

Banana Milk Soap

這配方可是必上的添加物課程之一呢！

幾年前國內香蕉盛產，造成許多蕉農不得不賠本出售新鮮香蕉，

甚至只能任由香蕉在農田中腐壞。殊不知，香蕉入皂滋潤又實用。

配方比例

		油量(g)	百分比(%)
使用油脂	椰子油	125	25
	紅棕櫚油	100	20
	橄欖油	150	30
	榛果油	75	15
	蓖麻油	50	10
合　計		500	100
鹼水	氫氧化鈉	75	
	水量	140	
精油	廣藿香精油	4	
	甜橙精油	4	
	檸檬尤加利精油	4	
添加物	牛奶	40	
	新鮮香蕉	40	
	葡萄柚籽萃取液	1	
皂液入模總重			

步驟

step 1　用果汁機或電動攪拌棒將牛奶和香蕉打成泥狀後備用。

step 2　準備好所有材料，量好油脂、氫氧化鈉。

step 3　使用純水冰塊或冰純水製作鹼水。

step 4　等待鹼水降溫至35度C以下，慢慢將鹼水分次倒入量好的油脂中，開始攪拌約二十分鐘，直到皂液呈light trace狀。

step 5　當皂液比light trace再濃一點時，加入精油，繼續攪拌均勻至trace。

step 6　感覺皂液在攪拌時多了一些阻力，此時將牛奶香蕉泥分次少量逐漸放入皂液。

step 7　持續攪拌均勻後，再加入牛奶香蕉泥混合均勻，再滴入葡萄籽萃取液1公克。

step 8　繼續攪拌至trace。

step 9　入模保溫。

step 10　等待兩天後脫模。

配方解碼

　　再來一款保濕力很高、清潔度偏低的配方，起泡度也不錯，後加的香蕉泥會再增加起泡度與滋潤度，所以實際使用這款手工皂的感覺是泡沫多且滋潤又保濕。榛果油可防止皮膚老化，質地清爽，能滲透表皮層，有效助於皮膚的再生，油性和中性的膚質都很適合。榛果油的滲透力與延展性都優於以親膚性聞名的甜杏仁油，在配方油脂的搭配中，我很喜歡把榛果油與甜杏仁油一起做搭配，可以做出很優質的洗面皂喔！

　　香蕉的纖維比較粗，若沒充分攪拌成泥狀，成皂後容易在皂體中呈現粗粗一條黑線，猶如一條細細的蟲蟲，乍看之下怪可怕的！添加牛奶可以讓紅棕櫚油的紅色定色，也能提升皂的滋潤度。

▲ 未將香蕉纖維攪拌均勻

性 質 表

香皂的性質	數值(依照性質改變)	建議範圍(不變)
Hardness 硬度	36	29-54
Cleansing 清潔力	17	12-22
Condition 保濕力	59	44-69
Bubbly 起泡度	26	14-46
Creamy 穩定度	28	16-48
Iodine 碘價	62	41-70
INS	149	136-165

配方應用

如果想要增加硬度,建議可以將椰子油提高到30%、蓖麻油降為5%,其餘不變,一樣添加香蕉泥來間接提升兩者的缺失。此配方硬度偏軟,因此牛奶使用的克數建議從水量中扣除,避免皂體脫模後過軟。

使用油脂	百分比(%)
椰子油	30
棕櫚油	20
榛果油	16
甜杏仁油	15
米糠油	20
蓖麻油	5

香皂的性質	數值(依照性質改變)	建議範圍(不變)
Hardness 硬度	36	29-54
Cleansing 清潔力	16	12-22
Condition 保濕力	58	44-69
Bubbly 起泡度	21	14-46
Creamy 穩定度	25	16-48
Iodine 碘價	70	41-70
INS	139	136-165

紫蘇怡情舒緩皂

Perilla Soap

日本號稱延命草的紫蘇，含高量的亞麻油酸，
是亞洲很普遍的藥食兩用香草植物，入皂的小斑點可愛極了。

小朋友與長輩適用的皂款

配方比例

		油量(g)	百分比(%)
使用油脂	椰子油	120	24
	棕櫚油	100	20
	榛果油	80	16
	澳洲胡桃油	75	15
	米糠油	100	20
	蓖麻油	25	5
	合　　計	500	100
鹼水	氫氧化鈉	75	
	紫蘇汁	160	
精油	薰衣草精油	4	
	快樂鼠尾草精油	4	
	玫瑰天竺葵精油	4	
添加物	紫蘇泥	20	
皂液入模總重		767	

步　驟

step 1　準備好所有材料，量好油脂、氫氧化鈉。

step 2　取新鮮紫蘇葉40g，放入純水中，使用電動攪拌棒將葉片攪成細泥狀。

step 3　濾出新鮮的紫蘇汁160g，冷藏或製成冰塊備用。

step 4　紫蘇葉泥保留20g備用。

step 5　秤量紫蘇汁178g，代替水量融鹼。

step 6　等待鹼水降溫至35度 C 以下，慢慢將鹼水分次倒入量好的油脂中，開始攪拌約二十分鐘，直到皂液呈light trace狀。

step 7　當皂液比light trace再濃一點時，加入精油，繼續攪拌。

step 8　混合均勻後，再將紫蘇葉泥20g少量逐漸放入皂液。

step 9　繼續攪拌至trace。

step 10　入模保溫。

step 11　等待兩天後脫模。

配方解碼

　　在芳療界中，快樂鼠尾草精油一直以「放鬆」效果著稱，適用於舒緩身心壓力，適合一起搭配的精油有橙花精油、薰衣草精油、馬鬱蘭精油、羅馬洋甘菊精油。我喜歡用玫瑰天竺葵代替玫瑰精油，除了價格比玫瑰精油低之外，還具有甜美的香氣，做出來的皂會呈現微微香氛喔！

香草添加物解碼

　　紫蘇含有豐富的礦物質與維生素，具有抗炎、抗菌作用。在家庭園藝中，紫蘇很容易栽種，讀者們可以嘗試栽種於陽台或有陽光的空間，不僅可以入皂，還能食用。

栽種方法　播種或扦插法皆可。紫蘇幼苗需要遮陰，不耐高溫與較多的水分，但高度到十公分以上後，就較耐熱，也好照顧。

性 質 表

香皂的性質	數值（依照性質改變）	建議範圍（不變）
Hardness 硬度	38	29-54
Cleansing 清潔力	16	12-22
Condition 保濕力	54	44-69
Bubbly 起泡度	21	14-46
Creamy 穩定度	26	16-48
Iodine 碘價	66	41-70
INS	143	136-165

配方應用

若想要更加強保濕度，另一種調整配方的方式是使用甜杏仁油或芥花油代替澳洲胡桃油15%，這樣確實能提高保濕度。

使用油脂	百分比(%)
椰子油	24
棕櫚油	20
榛果油	16
芥花油	15
米糠油	20
蓖麻油	5

香皂的性質	數值（依照性質改變）	建議範圍（不變）
Hardness 硬度	36	29-54
Cleansing 清潔力	16	12-22
Condition 保濕力	58	44-69
Bubbly 起泡度	21	14-46
Creamy 穩定度	24	16-48
Iodine 碘價	71	41-70
INS	133	136-165

Part

寶貝寵物也有專屬皂款

家中的毛小孩,我們也沒忘記牠。
不管主人開心、難過、歡喜,牠總是靜悄悄地陪伴在身邊。
親愛的寵物皂以特色配方區分,除蟲、消炎、
抗菌的配方與添加物的交互搭配為主軸。

No. 33

The Handmade Soap

苦棟澎澎寵物皂

China Tree Pet Soap

了解油脂特性與適當的比例搭配，
長毛寶貝也不怕蟲蟲來襲。

配方比例

		油量(g)	百分比(%)
使用油脂	椰子油	150	30
	棕櫚油	125	25
	米糠油	90	18
	苦楝油	100	20
	蓖麻油	35	7
合　計		500	100
鹼水	氫氧化鈉	72	
	水量	190	
皂液入模總重		745	

步驟

step 1　準備好所有材料，量好油脂、氫氧化鈉。

step 2　使用純水冰塊或冰純水製作鹼水。

step 3　等待鹼水降溫至35度 C 以下，慢慢將鹼水分次倒入量好的油脂中，開始攪拌約二十分鐘，直到皂液呈light trace狀。

step 4　當皂液比light trace再濃一點時，加入精油，繼續攪拌均勻至trace。

step 5　入模保溫，等待兩天後脫模。

配方解碼

　　苦楝油具殺蟲效果的成分，可以驅趕蟲蟲與跳蚤，搭配在寵物皂中再適合不過了。長毛寵物最怕的就是悶熱的天氣與蟲蚤類的躲藏，搭配苦楝油是很麻吉的選擇，米糠油則可讓長毛寵物享受清爽的洗感。若考慮到飼主清洗寵物的感受，蓖麻油的比例高於5%，可以讓起泡度更好！

性 質 表

香皂的性質	數值（依照性質改變）	建議範圍（不變）
Hardness 硬度	47	29-54
Cleansing 清潔力	21	12-22
Condition 保濕力	47	44-69
Bubbly 起泡度	27	14-46
Creamy 穩定度	33	16-48
Iodine 碘價	60	41-70
INS	158	136-165

○ 孟孟老師小叮嚀

寵物皂配方主要以清潔度偏高、保濕度偏低為主。由於苦
楝油味道偏重，寵物身上的跳蚤和菌類都不喜歡苦楝油的
味道，所以具備抗菌效果喔！

使用的油品都屬於微速trance的配方，攪拌的時間不會太
長，在製作這款配方時一定要有心理準備，把所有的材料
工具準備好，才不會手忙腳亂。

葡萄籽清爽寵物皂

Grape Seed Oil Pet Soap

讓短毛寶貝也能享受沐浴樂趣！
葡萄籽油洗出清爽滋潤不黏膩。

配方比例

		油量(g)	百分比(%)
使用油脂	椰子油	175	35
	棕櫚油	100	20
	葡萄籽油	90	18
	米糠油	90	18
	蓖麻油	45	9
合 計		500	100
鹼水	氫氧化鈉	77	
	水量	184	
精油	薰衣草精油	6	
皂液入模總重		767	

步　驟

step 1　準備好所有材料，量好油脂、氫氧化鈉。

step 2　使用純水冰塊或冰純水製作鹼水。

step 3　等待鹼水降溫至35度 C 以下，慢慢將鹼水分次倒入量好的油脂中，開始攪拌約二十分鐘，直到皂液呈light trace狀。

step 4　當皂液比light trace再濃一點時，加入精油，繼續攪拌均勻至trace。

step 5　入模保溫，等待兩天後脫模。

配方解碼

　　這款皂適合毛小孩在夏天時使用。因為清潔度偏高，且葡萄籽油佔總比例的18%，洗感清爽。但是因為葡萄籽油的泡沫不持久，所以加上蓖麻油，讓整體泡

沫多、保濕度再提高。米糠油的比例不低，是希望藉由米糠油中的滋潤度來平衡整體皂的性質。米糠油比例不低，攪拌過程留意trace速度，搭配葡萄籽油主要是希望毛小孩使用後可以感到清爽不黏膩。

性 質 表

香皂的性質	數值（依照性質改變）	建議範圍（不變）
Hardness 硬度	44	29-54
Cleansing 清潔力	24	12-22
Condition 保濕力	50	44-69
Bubbly 起泡度	32	14-46
Creamy 穩定度	29	16-48
Iodine 碘價	65	41-70
INS	152	136-165

No. 35
The Handmade Soap

紫草修護寵物皂

Lithospermum Erythrorhizon Pet Soap

小寶貝抓抓癢癢不會用言語告訴主人，
具有修護度的配方來呵護親愛的牠。

配方比例

		油量(g)	百分比(%)
使用油脂	棕櫚核仁油	250	50
	棕櫚油	100	20
	葡萄籽油	100	20
	紫草根浸泡芥花油	50	10
合　計		500	100
鹼水	氫氧化鈉	74	
	水量	178	
皂液入模總重		752	

步驟

step 1　準備好所有材料，量好油脂、氫氧化鈉。

step 2　使用純水冰塊或冰純水製作鹼水。

step 3　等待鹼水降溫至35度C以下，慢慢將鹼水分次倒入量好的油脂中，開始攪拌約二十分鐘，直到皂液呈light trace狀。

step 4　當皂液比light trace再濃一點時，加入精油，繼續攪拌均勻至trace。

step 5　入模保溫，等待兩天後脫模。

配方解碼

　　紫草根最主要的特色是含有豐富的「紫草素」與「尿囊素」，依紫草素釋放的多寡，會讓皂液顏色變成紫色甚至深紫黑色，尿囊素則具有抗菌、抗發炎、促進傷口癒合的效果。利用浸泡功能，同時能在基礎油脂中擁有芥花油的優良保濕特性，又能額外獲得紫草根修護抗菌的效果。

性質表

香皂的性質	數值(依照性質改變)	建議範圍(不變)
Hardness 硬度	55	29-54
Cleansing 清潔力	33	12-22
Condition 保濕力	41	44-69
Bubbly 起泡度	33	14-46
Creamy 穩定度	22	16-48
Iodine 碘價	19	41-70
INS	173	136-165

○ 孟孟老師小叮嚀

植物浸泡油品,只要是植物油都可以做浸泡油的玩法。亦可使用甜杏仁油來浸泡紫草根或是其他乾燥花草,只是要注意油品的製作成本會因此提高喔!另外,也可以製作混合浸泡油,可隨喜愛加入2~3種乾燥花浸泡於油品中。例如:薰衣草搭配迷迭香、洋甘菊搭配玫瑰等,都會讓油品散發出不同且具有層次感的香氛,大大增加做皂樂趣。

剩餘皂液應用

皂液入模後，鍋邊剩餘皂液丟掉可惜，有時作渲染的剩餘皂液也不少，若將剩餘皂液倒入造型模中隨意沖渲，或倒入吐司膜中一層層鋪平，製作分層效果。幾鍋下來，具創意又有美感的分層皂就完成囉！

No.36
The Handmade Soap

黃昏雲彩

收集那些皂款的皂液呢？

（02）荷荷芭山茶洗髮皂

（11）明亮白雪皂

（16）薰衣草珠光皂

（25）碧海藍天皂

（31）香蕉牛奶滋潤皂

No.37
The Handmade Soap

愛

收集那些皂款的皂液呢？

（03）洋甘菊黑糖保濕皂

（13）豆腐美人皂

（12）迷迭香氛皂

（16）薰衣草珠光皂

（25）碧海藍天皂

（29）金盞保濕抗敏皂

簡單、環保、樸實的包裝，可以突顯出手工皂的天然手作質感，
不需要特意購買華麗的包裝用品，只要到書局或是美術用品行逛一下，
就可以發現許多適合簡單包裝的寶物，亦可從生活用品著手。

單塊皂包裝。

工 具

剪刀、美工刀、雙面膠、
紙膠帶、膠帶、包裝紙、
OPP包皂用亮膜、紙絲

步 驟

1　先用OPP亮膜將手工皂包好。
2　挑選適當大小的鋁箔紙盒，裁切紙盒底
　　部，高度為比皂體厚度多0.5公分為佳。
3　利用雙面膠，以包裝紙包覆紙盒外部。
4　紙盒底部用紙絲稍微鋪平，放入手工皂
　　後，再用紙絲填滿。
5　使用OPP亮膜蓋住紙盒外觀，四周用膠
　　帶貼緊。
6　用喜愛的紙膠帶在對角邊做裝飾。
7　完成。

多塊皂包裝

工 具

剪刀、美工刀、膠帶、
緞帶、包裝紙、
OPP包皂用亮膜

步 驟

1　先用OPP亮膜將手工皂包好。
2　裁切可包覆住三塊皂體面積的包裝紙。
3　以緞帶將四邊拉緊，打上蝴蝶結。
4　完成。

簡易甜美包裝

工 具

糖果袋或餅乾袋、
膠帶或紙膠帶

步 驟

1　挑選大小適當的餅乾袋或糖果袋。
2　將手工皂放入袋中。
3　封口。
4　貼上手工皂標籤，避免誤食。
5　完成。

Natural
Handmade Soap

耕源 手工香皂
原料／課程

03-5585822
新竹縣竹北市光明九路163號

www.gainwell.shop2000.com.tw

提貨券
憑本券可至門市免費兌換限定款立體矽膠模壹個
網路訂購需將本券寄回。贈品郵寄需酌收運費。影印無效。耕源保有更改及停止活動之權利。

手創樂活

超想學會的手工皂

40款生活食材＋香草應用＋配方變化，全家人都適用的暖感手工皂！

作　　者	孟孟
總 編 輯	陳郁馨
副總編輯	李欣蓉
編　　輯	陳品潔
協力編輯	林婉華
行銷企劃	童敏瑋
設　　計	陳映伃
印　　務	黃禮賢
社　　長	郭重興
發行人兼出版總監	曾大福
出　　版	木馬文化事業股份有限公司
發　　行	遠足文化事業股份有限公司
地　　址	231 新北市新店區民權路108-3號8樓
電　　話	02-22181417
傳　　真	02-86671891
Ｅ ｍ ａ ｉ ｌ	service@bookrep.com.tw
郵撥帳號	19588272木馬文化事業股份有限公司
客服專線	0800221029
法律顧問	華洋國際專利商標事務所 蘇文生律師
印　　刷	成陽印刷股份有限公司
初　　版	2014年4月
定　　價	360元

木馬文化臉書粉絲團　https://www.facebook.com/ecusbook
木馬文化部落格　http://blog.roodo.com/ecus2005

國家圖書館出版品預行編目(CIP)資料
超想學會的手工皂 / 孟孟著. -- 初版. -- 新北市：木馬文化出版：遠足文化發行, 2014.04
面；　公分

ISBN 978-986-5829-97-1(平裝)
1.肥皂2.技法

466.4　103004423